寻觅黑夜骑士蝙蝠

主编◎王子安

Animal

汕頭大學出版社

图书在版编目（CIP）数据

寻觅黑夜骑士 : 蝙蝠 / 王子安主编. -- 汕头 : 汕头大学出版社, 2012.5（2024.1重印）
ISBN 978-7-5658-0783-1

Ⅰ. ①寻… Ⅱ. ①王… Ⅲ. ①翼手目－普及读物 Ⅳ. ①Q959.833-49

中国版本图书馆CIP数据核字(2012)第096801号

寻觅黑夜骑士：蝙蝠 XUNMI HEIYE QISHI : BIANFU

主　　编：王子安
责任编辑：胡开祥
责任技编：黄东生
封面设计：君阅书装
出版发行：汕头大学出版社
　　　　　广东省汕头市汕头大学内　邮编：515063
电　　话：0754-82904613
印　　刷：唐山楠萍印务有限公司
开　　本：710 mm×1000 mm　1/16
印　　张：12
字　　数：73千字
版　　次：2012年5月第1版
印　　次：2024年1月第2次印刷
定　　价：55.00元
ISBN 978-7-5658-0783-1

前　言

这是一部揭示奥秘、展现多彩世界的知识书籍，是一部面向广大青少年的科普读物。这里有几十亿年的生物奇观，有浩淼无垠的太空探索，有引人遐想的史前文明，有绚烂至极的鲜花王国，有动人心魄的考古发现，有令人难解的海底宝藏，有金戈铁马的兵家猎秘，有绚丽多彩的文化奇观，有源远流长的中医百科，有侏罗纪时代的霸者演变，有神秘莫测的天外来客，有千姿百态的动植物猎手，有关乎人生的健康秘籍等，涉足多个领域，勾勒出了趣味横生的“趣味百科”。当人类漫步在既充满生机活力又诡谲神秘的地球时，面对浩瀚的奇观，无穷的变化，惨烈的动荡，或惊诧，或敬畏，或高歌，或搏击，或求索……无数的探寻、奋斗、征战，带来了无数的胜利和失败。生与死，血与火，悲与欢的洗礼，启迪着人类的成长，壮美着人生的绚丽，更使人类艰难执着地走上了无穷无尽的生存、发展、探索之路。仰头苍天的无垠宇宙之谜，俯首脚下的神奇地球之谜，伴随周围的密集生物之谜，令年轻的人类迷茫、感叹、崇拜、思索，力图走出无为，揭示本原，找出那奥秘的钥匙，打开那万象之谜。

蝙蝠是哺乳类中古老而十分特化的一支，因前肢特化为翼而得名，分布于除南北两极和某些海洋岛屿之外的全球各地，以热带、亚热带的种类和数量最多。它们由于奇貌不扬和夜行的习性，总是使人感到可怕，不过在我国，由于“蝠”字与“福”字同音，所以在民间尚能得到人们的喜爱，将它的形象画在年画上。

《寻觅黑夜骑士：蝙蝠》一书讲述的即是跟蝙蝠有关的故事，共分为四章。分别从蝙蝠的繁衍、蝙蝠的种类、蝙蝠的本领、蝙蝠的价值、蝙蝠与人类的关系、有关蝙蝠的影视作品和书籍、寓言等众多方面来详细介绍蝙蝠这种动物。内容涵盖广，文字简练易懂，有很强的趣味性和故事性。

此外，本书为了迎合广大青少年读者的阅读兴趣，还配有相应的图文解说与介绍，再加上简约、独具一格的版式设计，以及多元素色彩的内容编排，使本书的内容更加生动化、更有吸引力，使本来生趣盎然的知识内容变得更加新鲜亮丽，从而提高了读者在阅读时的感官效果。

由于时间仓促，水平有限，错误和疏漏之处在所难免，敬请读者提出宝贵意见。

2012年5月

目录 CONTENTS

NO.1 漫谈蝙蝠

NO.2 品种繁多说蝙蝠

NO.3 神奇蝙蝠大揭秘

NO.4 天南海北话蝙蝠

第一章 漫谈蝙蝠

蝙蝠

蝙蝠是翼手目动物的总称，翼手目是哺乳动物中仅次于啮齿目动物的第二大类群，现生物种类共有19科185属962种，除极地和大洋中的一些岛屿外，分布遍于全世界，热带和亚热带最多。蝙蝠是唯一一类演化出真正有飞翔能力的哺乳动物，它们中的多数还具有敏锐的听觉定向（或回声定位）系统。几乎所有的蝙蝠都是白天憩息，夜间觅食。蝙蝠前肢的掌骨、指骨特别长，指骨末端到后肢及尾之间，都长着薄而柔软的翼膜。所以，蝙蝠可以像鸟一样在空中飞翔。

蝙蝠有“活雷达”之称。它的嘴上长着小叶轮，鼻孔周围还有很复杂的皮肤皱褶。这是一种奇特的超声波装置。它能不断地发出高频超声波。超声波碰到障碍物就会反射回来变成回声，被蝙蝠的耳朵接收。蝙蝠根据回声就可以判定方向，辨别物体活障碍物，进行有效的捕捉或回避。本章将为大家讲述蝙蝠家族的起源与发展、蝙蝠的特征与习性，以便于大家初步了解蝙蝠。

蝙蝠简介

蝙蝠有900多种，是唯一一类演化出真正有飞翔能力的哺乳动物。它们中的多数还具有敏锐的听觉定向（或回声定位）系统。大多数蝙蝠以昆虫为食。因为蝙蝠捕食大量昆虫，故在昆虫繁殖的平衡中起重要作用，甚至可能有助于控制害虫。某些蝙蝠也食果实、花粉、花蜜；热带美洲的吸血蝙蝠以哺乳动物及大型鸟类的血液为食。这些蝙蝠有时会传播狂犬病，呈世界性分布。

蝙蝠是唯一能振翅飞翔的哺乳动物，其他像鼯鼠等能飞行的哺乳动物，只是靠翼形皮膜在空中滑行。某些种类的蝙蝠是飞行高手，它们能够在狭窄的地方非常敏捷地转身。

人们常用“飞禽走兽”一词来形容鸟类和兽类，但这种说法有时却并不一定正确，因为有一些鸟类并不会飞，如鸵鸟、鹂鹋、几维和企鹅等；同样也有一些兽类并不会走，如生活在海洋中的鲸类等，而蝙蝠类不会像一般陆栖兽类那样在地上行走，却能像鸟类一样在空中飞翔。

蝙蝠类是唯一真正能够飞翔的兽类，它们虽然没有鸟类那样的羽毛和翅膀，飞行本领也比鸟类差得多，但其前肢十分发达，上臂、前臂、掌骨、指骨都特别长，并由它们支撑起一层薄而多毛的，从指骨末端至肱骨、体侧、后肢及尾巴之间的柔软而坚韧的皮膜，形成蝙蝠独特的飞行器官——翼手。中国古代也有关于蝙蝠的记载说他们也生活在钟乳洞里，名叫仙鼠，那里的蝙蝠因为能够喝到洞里的水得到长生，千年之后他们的身体颜色也有了巨大的变化，从原来的黑暗的颜色变成了通身雪白，这大概就是他们为什么被称为仙鼠的原因吧。

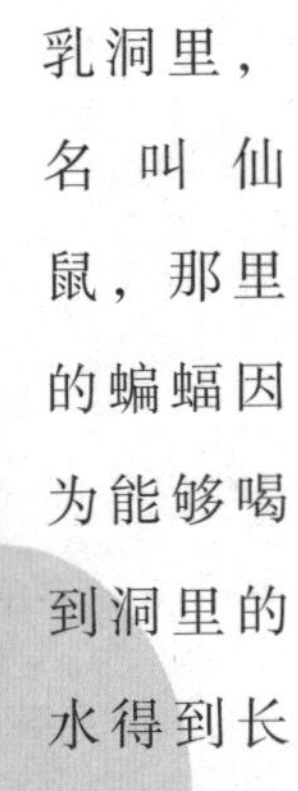

蝙蝠用超声波来判断前方是否有障碍物，并以此来改变飞行道路。从前很多人说蝙蝠视力差，其实是一个天大的误区。最近已经有不少科学家指出，蝙蝠视力不差。不同种类的蝙蝠视力各有不同，蝙蝠使用超声波，与它们的视力没有必然联系。

蝙蝠是哺乳类中古老而十分特化的一支，因前肢特化为翼而得名，分布于除南北两极和某些海洋岛屿之外的全球各地，以热带、亚热带的种类和数量最多。它们由于奇貌不扬和夜行的习性，总是使人感到可怕，外文中蝙蝠的原意就是“轻佻的老鼠”的意思，不过在我国，由于“蝠”字与“福”字同音，所以在民间尚能得到人们的喜爱，将它的形象画在年画上。

蝙蝠是哺乳类中仅次于啮齿目的第二大类群，大体上分成大蝙蝠和小蝙蝠两大类。大蝙蝠类分布于东半球热带和亚热带地区，体形较大，身体结构也较原始，包括狐蝠科1科。小蝙蝠类分布于东、西半球的热带、温带地区，体型较小，身体结构更为特化，包括菊头蝠科、蹄蝠科、叶口蝠科、吸血蝠科、蝙蝠科等10余科。

◇ 蝙蝠的起源与进化

蝙蝠是一种古老的动物，也是唯一会飞的哺乳动物，他们的历史可以追溯到属于恐龙的莽荒时代。与蝙蝠同时代的动物绝大多数都被自然所淘汰了，只能见于化石之中，而蝙蝠经历各种灾难之后顽强地活了下来，经过千万年的发展，蝙蝠家族成为仅次于啮齿类动物的第二大哺乳动物。科学家们惊叹于蝙蝠的生存技巧，但他们始终不明白蝙蝠是如何进化的，不仅因为最早化石中的蝙蝠和现在的蝙蝠非常相像，而且也从未发现介于蝙蝠和无飞翔能力的始祖动物间的化石标本。近年来，美国科学家揭开了这一不解之谜。

依卡洛蝙蝠是最古老的已经绝灭的蝙蝠，它的骨架是偶然从美国怀俄明州一个古代湖泊的岩石中发现的，距今约有3000多万年。化石中的依卡洛蝙蝠已经表现出许多现代蝙蝠的特征，都有延展于长指间的膜形成的翅膀和具有回声定位功能的耳朵，骨骼部分已与现在的蝙蝠基本相似。

蝙蝠究竟是怎样出现的呢？这

问题一直困扰着生物学家们。

（1）飞行能力的产生

美国科罗拉多大学的卡伦·希尔斯通过实验证明，蝙蝠飞行能力得益于其体内一处特殊基因的突变，正是这个单一基因的变异让蝙蝠的前爪发育成翅膀使其飞上天空，这可解释蝙蝠为何突然出现在5000万年前的化石标本里。《新科学》杂志指出，现代蝙蝠的祖先在距今大约5000万年前长出了翅膀，掌握了飞行技能，但这一基因突变过程非常短，以至于在蝙蝠的各个进化阶段未能留下多少化石标本。

卡伦·希尔斯表示，由于基因的变化，蝙蝠的祖先们长出了适用于长时间飞行的两翼。为了解蝙蝠前爪的进化来源，希尔斯专门研究了它们在胚胎阶段的发育过程，并将其与老鼠的胚胎发育情况进行了比较。希尔斯发现，无论是啮齿类动物还是蝙蝠的前爪，都是由胚胎中的软骨细胞发育而来——这些细胞逐渐分化成熟并形成骨区。但不同的是，蝙蝠的骨区上有个很明显的增生带，比老鼠的大很多，正是这个增生带刺激了骨细胞的增长，使蝙蝠长出长长的前爪。

希尔斯认为，蝙蝠的生长带主要是受到了BMP2基因的影响，该基因中携带了大量有关骨骼生长的信息，是哺乳动物四肢生长的重

要基因家族之一。希尔斯发现，BMP2基因在蝙蝠骨骼的发育过程中非常活跃，而在处于同一阶段的老鼠胚胎中，它的功能却已完全弱化。为了证明BMP2基因的功效，希尔斯将这种基因加入到胚胎期老鼠的细胞中，结果老鼠同样也发育出与蝙蝠一样的细长前爪。该实验可证实，BMP2基因确实在蝙蝠前爪的形成过程中发挥着决定性的作用。

（2）进化过程短暂的原因

希尔斯指出，正是由于BMP2基因活性的增强才导致了蝙蝠的突然出现。同时，可能也正是由于该基因的突然变化，造成蝙蝠的进化过程非常短暂，以至于人们很难找到其生活在5000万年前的原始祖先的化石。美国自然历史博物馆的南希·西蒙思表示，对于蝙蝠的突然出现，生物学界从未有过合理的解释，该研究是个突破性的发现。

美国马萨诸塞州波士顿大学的

蒂格·金斯顿和英国伦敦大学的斯蒂芬·罗西特也对蝙蝠的进化过程展开了研究。他们发现蝙蝠发出的声音也是推动其进化的一个重要因素。蝙蝠的声音可以帮助它们区分不同种类甚至体态稍有差别的蝙蝠，使属于同一物种不同变种的动物，即使生活在相同地区，也相互不杂交，各自独立进化。

世界上总共有1000多种蝙蝠，它们中的大多数都以昆虫为食，也有一些以水果或是吸食哺乳动物和鸟类的血液为生。在中美洲和南美洲还有一种大足蝙蝠，它们能够像老鹰抓小鸡那样从河中捕食鱼类。蝙蝠体型的变异很大，体重从2公克到超过1000公克，翼展从3厘米到近2米都有。蝙蝠的尾巴有长有短，有的全为股间膜包住，有些则延伸到膜外，可以在蝙蝠捕捉昆虫时，当做捕虫的网袋用。此外，蝙蝠的毛色亦有许多变化。例如，果蝠的颈肩部往往有一圈乳白到金黄色的毛，有别于身体其余部分的深褐毛色，有些蝙蝠则有斑点或条纹，可以作为辨认种类的依据。

（3）蝙蝠捕捉各种不同的昆虫

为了解蝙蝠家族的形态为什么如此各异，金斯顿和罗西特两位科

具有一个特殊的频率，且体型越大发出的超声波频率越低。

体型最大的蝙蝠发出的叫声频率最低，为27.2千赫，而体型中等以及最小的大耳蝙蝠则主要选择高亢的腔调。这意味着大个大耳蝙蝠将无法听到其他两种蝙蝠的叫声：大耳蝙蝠的耳朵可以清楚地接收到自身叫声所具有的频率，同时还可以过滤掉其他蝙蝠发出的高音叫声。

此外，由于叫声的频率越高，越容易测定那些小型猎物的方位。因此，不同体型的大耳蝙蝠所捕捉的昆虫体型也是不相同的。

由于不同种类的蝙蝠发出的超声波频率不同，所以它们不会发生

学家选取了一种东南亚 大耳蝙蝠的三个变种进行研究。这三种蝙蝠在体型上存在很大差异，其中个头最大的蝙蝠比个头最小的蝙蝠大出近一倍。他们发现大耳蝙蝠各自

杂交。

通过对大耳蝙蝠的进食以及交配习性进行研究，研究人员发现，就像克服其他自然障阻一样，通过改变叫声的频率能够有效地形成一些新的蝙蝠种类。超声波频率不同的蝙蝠可能无法“沟通感情”，当然也就不会交配并生出后代，彼此的基因没有机会发生交换与融合。

这样，一个变种的蝙蝠，只会与完全同一变种的蝙蝠交配。如果两个不同变种的蝙蝠属于同一物种，互相杂交原本可以产生有繁殖力的后代，但由于它们发出的超声波频率不同，所以在自然环境中不会发生杂交。这样一代一代地各自繁殖下去，由于基因变异的累积，不同变种间本来微小的遗传差异得到巩固和加强，使得差异越来越大。

最终，这种差异是如此之大，使两类蝙蝠再也无法杂交，或者即使能够发生杂交也不能产生有繁殖力的后代，在生物学上成为两个完全不同的物种。

加拿大西安大略大学的布罗克·芬顿表示，“这项研究成果使学术界对于蝙蝠是如何进化出不同种类的，以及这些叫声的改变能够导致何种生态学后果，有了新的认识”。

约克大学的约翰·拉特克利夫指出，过去500万年来，亚洲迅速出现了许多蝙蝠的新物种，上述因素可能是造成这种现象的原因之一。

◇ 蝙蝠的外形

大蝙蝠亚目的蝙蝠视力好、眼睛大，主要依靠视觉来辨别物体；小蝙蝠亚目的成员通常视力退化，眼睛小，主要依靠回声来辨别物体，有一些种类的面部进化出特殊的增加声纳接收的结构，如鼻叶、脸上多褶皱和复杂的大耳朵。

各种蝙蝠的体型差异很大，从翼距只有14厘米的猪鼻小蝙蝠，到身体如小狗般大翼距宽达2米的狐蝠都有。蝙蝠最大的特征是具有飞翼，除前肢第一指外，前肢、后肢、尾巴与身体间都被一片二层薄的皮膜连起来。此飞翼是由薄膜般的肌肉及弹性组织，再加上覆盖在外表的皮肤所构成。飞翼上有许多的小血管密布，由于飞行时要用大量的能量，体温会急速上升，飞翼上的小血管与空气接触面很广则具有散热作用。因此，蝙蝠飞行时能保有一定的体温。

蝙蝠的颜色、皮毛质地及脸相也千差万别。蝙蝠的翼是进化过程中由前肢演化而来。除拇指外，前肢各指极度伸长，有一片飞膜从前臂、上臂向下与体侧相连直至下肢的踝部。拇指末端有爪。多数蝙蝠于两腿之间也有一片两层的膜，由深色裸露的皮肤构成。蝙蝠的吻部似啮齿类或狐狸。外耳向前突出，通常非常大，且活动灵活。许多蝙蝠也有鼻叶，由皮肤和结缔组织构成，围绕着鼻孔或在鼻孔上方拍动。蝙蝠的脖子短；胸及肩部宽大，胸肌发达；而髋及腿部细长。除翼膜外，蝙蝠全身有毛，背部呈浓淡不同的灰色、棕黄色、褐色或黑色，而腹侧色调较浅。栖息于空旷地带的蝙蝠，皮毛上常有斑点或杂色斑块，颜色也各不相同。蝙蝠的取食习性各异，或为掠食性，或有助于传粉和散布果实，从而影响自然秩序。吸血蝙蝠对人类就是一个严重的问题。食虫蝙蝠的粪便一直在农业上用作肥料。

蝙蝠的胸肌十分发达，胸骨具有龙骨突起，锁骨也很发达，这些均与其特殊的运动方式有关。它非常善于飞行，但起飞时需要依靠滑翔，一旦跌落地面后就难以再飞起来。飞行时蝙蝠把后腿向后伸，起着平衡的作用。

蝙蝠的飞翼骨架则由手臂骨和

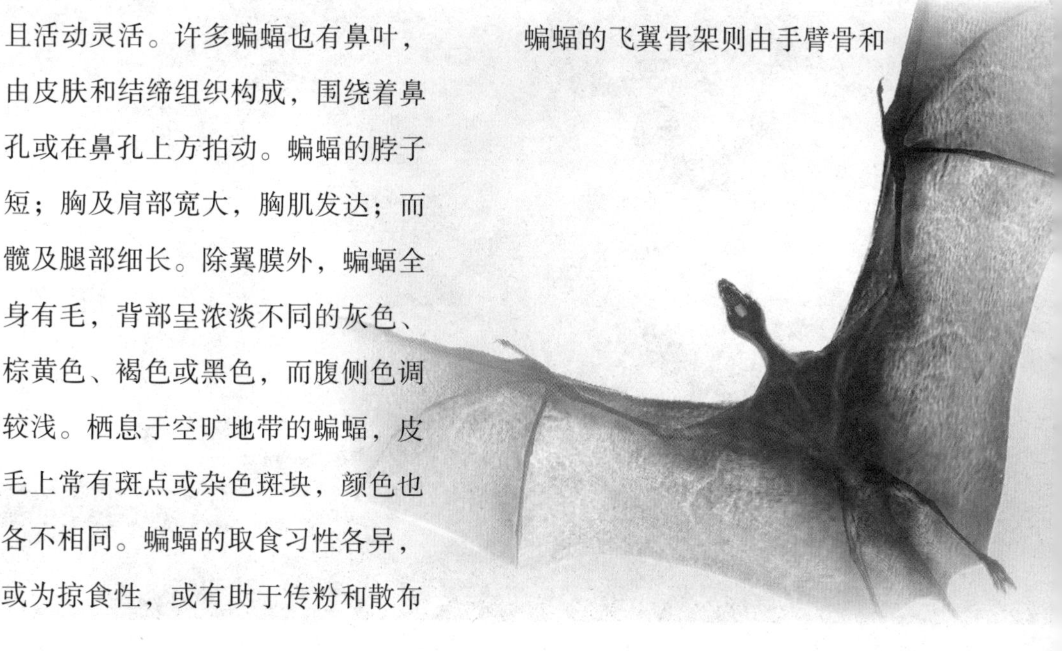

手指中的第二到第五的骨头支撑。而第一指则像根爪子一样，可以作爬行、梳理毛皮等工作。有些种类的蝙蝠则利用它来打斗及抓握食物。

蝙蝠膝的关节不像人类那样向着前方，而是向着后上方，因此无法站立。飞行时，脚和尾巴可自由活动以使身体平衡。蝙蝠飞行用的肌肉相当于人类挥动手臂所用的肌肉，只不过按身体比例大小来说，蝙蝠的肌肉要比人的强健有力多了。有些蝙蝠的飞行速度甚至可达每小时50千米以上。

蝙蝠前后脚各有五只指头，爪为钩爪，乳头平常于胸前只有一对。它们无盲肠，即使有也极小。

蝙蝠小百科

泰国猪鼻蝙蝠

猪鼻蝙蝠是世界上最小的哺乳动物，体量不超过2克，身体总长度大约为30毫米，而当两翼展开后的总长度大约16厘米。翅膀位于身体的下腹处，而且其顶端是非常长的，只是为了适应在空中的盘旋飞行。

在猪鼻蝙蝠翅膀的后面有一个非常大的网状外皮，这可能是为了帮助它们飞行和捕抓昆虫。它们的身体呈微带红色的褐色或灰色，有一对非常大的耳朵，鼻子平而且还有点向上，有点像猪的鼻子，所以得名猪鼻蝙蝠，但是没有尾巴。

它们只生活在泰国，居住于柚木森林和竹林附近具有圆锥形顶部得非常深的石灰石洞中。由于大量的砍伐森林，导致它们的生活环境大受破坏，现在存活的猪鼻蝙蝠在全世界不超过200只。

◇ 蝙蝠的特性

（1）栖息环境

蝙蝠主要居住在各类大、小山洞，古老建筑物的缝隙、天花板、隔墙以及树洞、山上的岩石缝中。在南方，一些食果实的蝙蝠还隐藏在棕榈、芭蕉树的树叶后面。有些蝙蝠种群会上千只栖居在一起，有些雌雄在一起生活，或雌雄分开栖息。许多栖息在树林中的蝙蝠冬季时要迁徙到温暖地区过冬，有时它们要飞过数千米路。而温带的穴居蝙蝠一般都有冬眠的习性。

蝙蝠通常喜欢栖息于孤立的地方，如山洞、缝隙、地洞或建筑物内，也有栖于树上、岩石上的。它们总是倒挂着休息。一般聚成群体，从几十只到几十万只。

（2）超声波定位

蝙蝠的视力很差，但它们分辨声音的本领很高，因为它们的耳内具有超声波定位结构，可以通过发射超声波并根据其反射的回音辨别物体。飞行的时候，蝙蝠由口和鼻发出一种人类听不到的超声波。遇到昆虫后，这种波会反弹回来。蝙蝠用耳朵接收后，就会知道猎物的具体位置，并立即前往捕捉。它们能听到的声音频率可达300千赫/秒，而人类能听到的声音频率一般在14千赫/秒以下。

蝙蝠具有回声定位能力，能产生短促而频率高的声脉冲，这些声波遇到附近物体便反射回来。蝙蝠听到反射回来的回声，能够确定猎物及障碍物的位置和大小。这种本领要求高度灵敏的耳和发声中枢与听觉中枢的紧密结合。蝙蝠个体之间也可能用声脉冲的方式交流。有少部分蝙蝠依靠嗅觉和视觉找寻食物。尽管它们有万能胶，看上去很像鸟类。但它们没有羽毛，也不生蛋，是哺乳动物。

◇ 蝙蝠的食性

蝙蝠类动物的食性相当广泛，有些种类喜爱花蜜、果实，有的喜欢吃鱼、青蛙、昆虫，吸食动物血液，甚至吃其他蝙蝠。一般来说，蝙蝠的食性主要体现在三个方面：

（1）食肉性

食肉见于很多哺乳动物类群中。从概念上讲，食肉目是特化的适应这种食性的动物，

它们介入食物链的各个；很多动物如狮子、虎和狼处于食物金字塔顶尖的位置。食肉性在天翼手目中似乎并不特别广泛。两种假吸血蝙蝠常捕食其它蝙蝠、小型啮齿类动物和小鸟，有时也吃蛙和蜥蜴。研究发现新大陆叶口蝠科四种叶鼻蝙蝠也食肉。与假吸血蝠科成员类似，这些蝙蝠的食物由小型脊椎动物组成，但它们也在不同程度上食昆虫和水果。食肉性也可见于蹄蝠属的一些大型种。可以说，所有的食肉蝙蝠都是体型巨大，在小蝙蝠亚目中，美洲假吸血蝙蝠是最大的成员，翼展近1米。

科学家对食肉蝙蝠的捕食行为了解甚少，一般认为这些蝙蝠在地面或树中捕获栖息的猎物，至于它们是否主动追捕飞行的蝙蝠或鸟类尚未可知。有报道证实狐蝠科锤头果蝠从丢弃的死鸟身上取食腐肉，而其它关于该科蝙蝠食肉的报道来自圈养的个体，可能并非其自然习性。有人也曾观察到新西兰短尾蝠食鸟的腐肉，说明腐肉可能是此种蝙蝠冬季的一个食物源。

最近，关于新热带缨唇蝠的研究发现这种蝙蝠与其猎物青蛙之间存在着有趣的种群数量关系。在此之前，人们曾认为青蛙是缨唇蝠在狩猎过程中随机捕食所遇到的猎物；

而现在看来，它们对新热带蛙种群有相当大的影响。

和所有其他有性生殖动物一样，蛙交配时必须找到一个异性。交配季节，雄蛙在固定的地点发出标志其物种特性的鸣叫以吸引雌性。一个雄蛙能否成功则完全依赖其鸣叫的精确性和声音频率。这样，一个种的所有雄性必须以精确的歌声吸引同种雌性，同时保证具有足够的重复以便使雌性能够确定雄性的位置。这些“歌声”象似“对全世界的广播”，于是，缨唇蝠也学会了识别所捕食的青蛙的交配叫声。当然，这给雄蛙带来威胁。对它们来说，最简单的逃避被捕食的办法似乎是改变鸣叫声，可是明显的改变会导致无法被雌性识别因此不能交配。另一种办法是减少鸣叫频率，不过这也会导致雌性无法准确地识别雄蛙。还有一种办法是隐蔽在灌木丛或石头下鸣叫，但这同样可能妨碍交配的成功。

蟾蜍也以声音吸引交配伙伴。而大多数蟾蜍皮肤上有剧毒的腺体，这对其捕食者有致命的毒性或者至少会使后者感到不适。不过缨唇蝠通常能够辨别出蛙与蟾蜍叫声的差别。所以，对蛙来讲另一种逃避被捕食的途径是模仿蟾蜍的叫声。新热带蛙似乎尽可能地采用这种对策并且在不同程度上迷惑了缨唇蝠。此外，这些被捕食的蛙似乎也能探测到狩猎的缨唇蝠的存在。

一只正在觅食的缨唇蝠经过一个充斥着蛙鸣的池塘时会导致即刻的寂静。那些没有注意到警戒声（或其它信号）或是在危险尚未过去就重新开始鸣叫的蛙便会成为缨唇蝠的口中餐。

蝙蝠食肉性进化的动力是很难理解的一点。猎物的大小和高蛋白含量似乎需要捕猎者具有硕大的体型，相对来讲很少的猎物能够产生高的能量。蝙蝠的食肉性似乎是食虫性的延伸，食肉需要嚼碎肉的纤维以及撕开骨头。研究表明食虫动物的牙齿已经很好地形成坚硬几丁质的外壳，用以撕开和斩碎昆虫。与食虫蝙蝠相比，食肉和下面要谈到的食鱼蝙蝠的牙齿略有变化。

（2）食鱼性

食鱼是食肉形式的特化，且只限于少数种类的蝙蝠。其中最令人瞩目的是兔唇蝠和钓鱼蝠，二者都是体型巨大且只分布在新大陆的热带和亚热带地区。这些蝙蝠腿长、脚大、趾端被有长而锋利的钩形爪。这两种蝙蝠都有长距沿着后腿下部折叠。这样，蝙蝠捕鱼时一边飞行一边将尾膜聚合，趾、距和胫骨在侧面伸展成流线型以使得在水面滑行时阻力最小。

这两种蝙蝠的捕食行为很相似。它们在平静的水面上飞得又低又慢，几乎是在水面滑行。它们用回声定位系统探测可能意味着小鱼存在的浪花或露出水面的鱼鳍。一旦探测到猎物，这些蝙蝠伸出多爪的脚像两只大钩一样将猎物刺穿。鱼很快被叉出水面送进嘴里。蝙蝠或者在飞行中，或者飞回栖息地吃掉猎物。在实验条件下，墨西哥兔唇蝠一个晚上能够捕获30～40条小鱼。

这两种食鱼蝙蝠偶尔也吃昆虫，而且食鱼性也被认为是从捕食漂浮在水面的昆虫进化而来的。南兔唇蝠比墨西哥兔唇蝠小且没有特化的脚。墨西哥兔唇蝠常出没于岩洞，偶尔也光顾树洞，其栖息地通常有强烈的鱼腥味。因此，嗅觉良好的观察者能以此断定这类蝙蝠的存在。钓鱼蝠常光顾山洞或石缝，但有时也栖息于海岸硕大而平滑的石头下。钓鱼蝠适应于捕猎平静礁湖下的海鱼而且似乎偶尔饮食海水，饮食海水需要泌尿系统有特殊的生理适应以排出高的盐分和保持水分。

（3）食血性

吸食其它脊椎动物的血可能是蝙蝠最特别的食物习性。这种食物习性在哺乳动物甚至可能在所有脊

椎动物中都是唯一的。值得庆幸的是这种食物嗜好只限于叶口蝠科血蝙蝠。它们是：普通吸血蝠、白翅吸血蝠和毛腿吸血蝠。这些种主要集中在新大陆的热带和亚热带，普通吸血蝠和白翅吸血蝠的地理分布可达北美洲和南美洲的温带区。

最常见和广泛分布的普通吸血蝠是一种严重的农业和公共卫生害兽。它只吸食其它哺乳动物（偶尔包括人）的血，而另外两种吸血蝠的主要袭击目标是鸟，而且它们的数量比较少。普通吸血蝠之所以成为害兽也是因为新大陆大量引入马、牛和其它家养动物，这些广泛的食物源使其普通吸血蝠种群在过去的500年间显著增长。同时，那些地区的人口也在不断增长，因为地处热带，当地人习惯于敞着门睡觉。而且由于贫困，很多人露宿在无遮无掩的地方，由此吸血蝙蝠又增加了额外的食物来源。

所以前面所述关于吸血蝙蝠袭击人的描述并非虚构。其实，吸血蝙蝠的体型并不是很大，成体重30～35 克，翼展30厘米。不过科学

地说，吸血蝙蝠并不“吸”血，它们特化的舌两侧有小槽，在它们舔伤口时依靠毛细作用而食血。“扇动翅膀以凉快来麻醉受害者”的想象也值得怀疑。

吸血蝙蝠接近受害者时是非常敏捷的。它们的牙齿高度特化：臼齿全部缺失，上犬齿和门牙（颚的两侧各一）扩展成剃刀一样锋利的刀片状，下犬齿同样巨大但不像刀片。它们在受害者表皮毛细血管富集的地方咬开一小V形口。通常的伤口位置在指尖、趾尖（限于人类）、嘴唇、眼睑、鼻尖和耳廓。家畜还见于后臀部、与脚皮肤相连的蹄的连接处，有时也见于面部和颈部。伤口之所以持续流血是因为蝙蝠唾液中含有一种抗凝剂，这对家畜可造成严重问题，因为蝙蝠吸完血长时间后伤口仍在流血，从而引起持续的血液流失。吸血蝙蝠并不会吸干受害者的血，但几个蝙蝠对一个幼畜或一个小孩的袭击可能导致受害

者死亡，这主要是伤口不凝导致持续大出血造成的。人被吸血蝙蝠袭击后常会伴随着感染，这是因为遭受这种伤害的人通常居住在卫生条件差的环境；更为严重的是吸血蝙蝠还是虐疾的载体。

被俘获的吸血蝙蝠每晚可在20分钟内吸15 立方厘米的血。野生条件下，吸血蝙蝠在上半夜觅食，在2 小时内吸食大约30立方厘米或更多的血（约为自身体重的1.5倍）。这样的负荷常超出其运载能力以致于无法飞行。吸血蝙蝠的肾高度特化，能迅速排出血液中的大量水分。这样食血后蝙蝠很快地开始持续排尿，直至体重降到使其得以重新飞行。随后消化这种几乎纯蛋白的食物时，它们的肾必须能处理高浓度的含氮废物。此时，其肾从排水模式转变为保水模式从而导致浓度极高的尿。尽管没有确切的数字，估计100只普通吸血蝠的种群每年可能消耗掉730 升血，相当于20匹马、25只牛、365只羊或14 600只母鸡的全部的血（不计吸

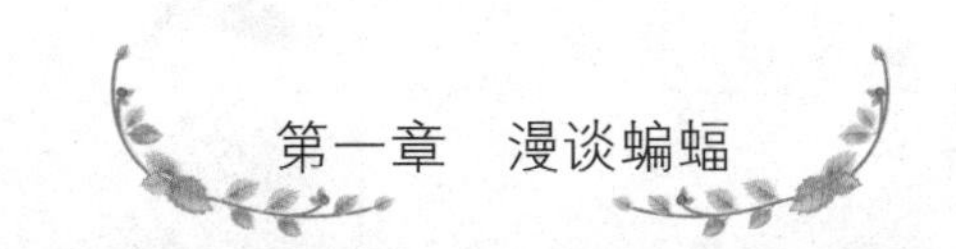

血后流失的量）。

食血性的进化同样缺乏合理的解释。一些蝙蝠生物学家设想食血性是从吃蜱和其它大的外寄生昆虫的食虫种进化而来；逐渐地，蝙蝠开始自己致伤并吸食寄主的血。另外的观点认为食血性是从适应于咬多汁的果实和舔丰富的果汁的食果种进化而来；这种习性进而转变为咬其它动物并吸食它们的血。吸血蝙蝠高度特化的食血功能使很多蝙蝠生物学家认为它们是一个独立的科，但除了食性上的特化外它们明显属于叶口蝠科的成员，而且实际上最接近该科中较原始的叶口蝠种类。

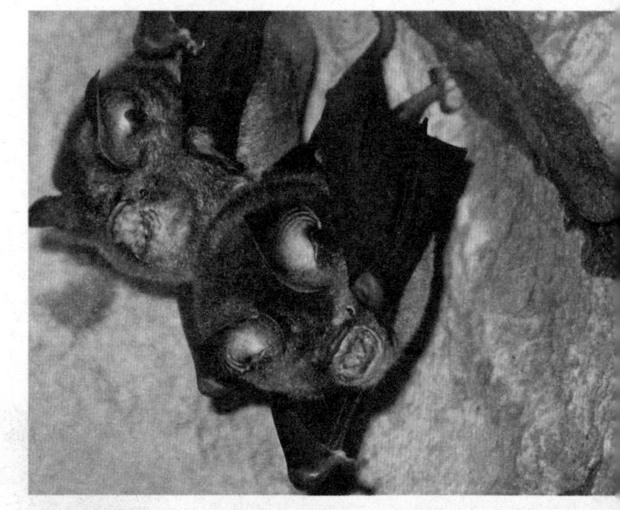

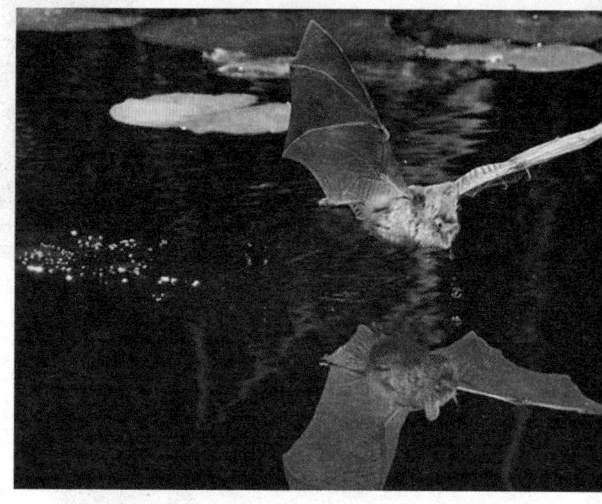

◇ 蝙蝠的视力

蝙蝠主要利用回声定位来辨别方向，但实际上别认为蝙蝠就是盲的，因为所有的蝙蝠都有能起作用的眼睛，而且对视力都有一些利用。而且一般来说蝙蝠的视力还和种类有绝对的关系。

人们常见的蝙蝠多半是住在屋檐下、墙壁缝隙和天花板隔层内的家蝠。除了北极和一部分的南极以外，全世界几乎都有家蝠，家蝠属于小蝙蝠类。一般来说，蝙蝠按照体型可略分为大蝙蝠和小蝙蝠类，而且体型相差很多，很好辨认。家蝠属于较小，洞穴是它们重要的栖息环境，它们或单独、或群居在一个洞穴中。不过，同一洞穴里面倒不见得都是同一种蝙蝠的族群，有时候七、八种不同的蝙蝠聚在一起也不足为奇。小蝙蝠多半以昆虫或小动物为生。它们眼睛很小，耳朵却很大。由于在夜间活动，所以眼睛的用处不大。但是，它们能够发出超音波，利用回声判别外在的世界，而接受回声就得靠那双大耳朵了。蝙蝠在日落时开始离开巢穴，一直到日出前才回巢。一整晚它们都在外面忙着填饱肚子。蝙蝠视力虽差，但是光靠超音波的辅助就已达到12只小虫/每分钟的惊人速率。它们可称得上是厉害的捕虫高手！

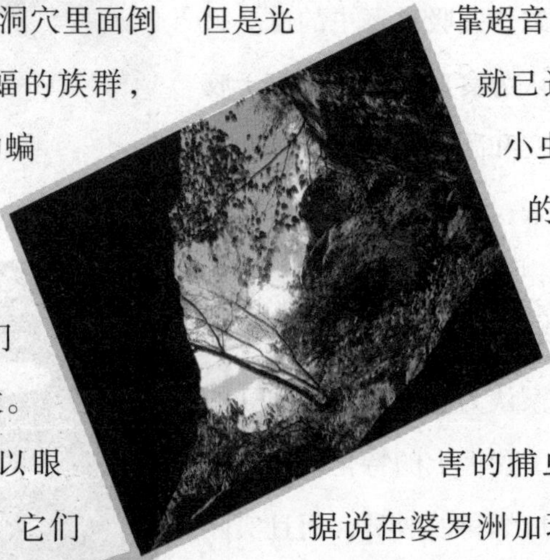

据说在婆罗洲加玛顿洞穴里住了数百万只的蝙蝠，其中一个洞穴里堆积的蝙蝠粪就有30米高，它们一晚起码捕捉了几公吨的蚊子和其他昆虫。

另一方面，大蝙蝠类的视力则占了它们日常活动极为重要的部分。因为它们没有发出超音波的本领。这一类的蝙蝠眼睛很大，在白天活动，大蝙蝠中最有名的便是狐蝠了，它们

主要分布在东南亚，不过在中国的亚热带、热带地区偶而可以看到它们。从名字就知道它们的脸部长得很像狐狸，有点像是会飞的狐狸。狐蝠专门以花粉、花蜜和水果为生。它们的体型巨大。

英国自然杂志当中指出，一种以花蜜为食的叶鼻蝠（小蝙蝠类）是色盲，但却能看到波长小到约310纳米的紫外线。哺乳动物具有紫外线视力的很少，只有少数啮齿动物和有袋动物具有这种视力。所以科学家发现蝙蝠有这种能力的时候相当讶异，因为该种蝙蝠已经具有回声定位的能力了，为什么还需要紫外线视力呢？后来科学家认为那是因为一些花朵能够强烈反射紫外线，所以尤其是在黄昏的时候，当光谱偏向较短的波长时，利用紫外线视力可能是寻找能够提供花蜜的花朵的一种有效方式。这样的情形有点像是一些吸花蜜的昆虫所具有接收紫外线的视觉一般。

蝙蝠的繁衍生息

整个蝙蝠群的性周期是同步的，因此大部分交配活动发生于数周之内。蝙蝠的妊娠期从6、7周到5、6月。许多种类的雌体妊娠后迁到一个特别的哺育栖息地点。蝙蝠通常每窝产1~4仔。幼仔初生时无毛或少毛，常在一段时间内不能看见不能听见。幼仔由亲体照顾5周至5个月，按不同种类决定。

除了热带地区的少数种类可终年生殖，甚至一年产好几胎的幼蝠外，大多数温带与亚热带地区的蝙蝠通常一年只生一胎，一胎只产一仔，并不多产。分布于我国的蝙蝠也大多如此。幼蝠多半在夏季气温较高、食物量较丰富的时候出生。

幼蝠出生时裸露无毛，眼睛闭合，需要母蝠妥善的照顾，有些母蝠在夜晚外出觅食时，会带着吸附在乳头或假乳头上的幼蝠一起飞出，但多数母蝠会将小蝠留在窝内，此时幼蝠往往会挤在一起相互取暖。母蝠回窝之后会利用超音

波及近距离的嗅觉与触觉找出自己的幼蝠哺育，休息时也往往会利用双翼把幼蝠包在胸前。待幼蝠逐渐发育长大，有时会倒挂在母蝠的头上、肩上拍动双翼练习飞翔，然后开始短程的飞行，一旦练习成熟即可外出，尝试独自觅食，而后逐渐独立生活。处于生殖哺育状况的蝙蝠，也处于生理状态紧迫、能量收支平衡极难维持的状况。不当的干扰，极可能造成弃窝、放弃幼蝠，导致幼蝠死亡；或使母蝠能量透支而死亡。

许多种类的雌性幼蝠在出生当年的秋季即可繁殖，与其他成年的雌蝠一样和雄蝠交配。交配后的蝙蝠随即进入冬眠，此时蝙蝠会藉不同的方式延缓怀孕的过程，以便幼蝠适时的在夏季出生。有些种类的雌蝠可将雄蝠的精子保存在体内，但不与卵子结合，也就是延迟至来年才受精，我国东南部地区的东亚家蝠即有类似现象。有些则可使受精卵发育至初期的阶段才进入休眠，延迟至来年再继续发

许多温带地区的蝙蝠在一年的生殖周期中，雌雄蝠只有在交配或度冬时才会聚在一起。怀孕、生产及育幼时，雌蝠多半与雄蝠分地而居，自成一育幼群。目前已知江浙一带和台湾地区之摺翅蝠与渡濑氏鼠耳蝠会在夏季聚集生产、形成育幼群。蝙蝠体型虽小，寿命却较同体型的其他哺乳动物寿命长。除了出生后第一年冬季死亡率较高外，凡是能存活到第二年的个体其后续的存活率都很高，以蝙蝠科的种类为例，通常可存活十余年。

育。还有一些种类则可使发育中的胚胎延迟著床。种种生理的调适、控制与特化的机制，至今仍待研究发掘。除了上述的延迟外，有些雄蝠也可将精子储存在体内，或是在春天制造精子，与尚未交配的雌蝠交配，开始怀孕生产的过程。

蝙蝠面临保护

同其他动物一样，许多蝙蝠在自然界也越来越少，趋于灭绝。用于消灭昆虫的毒剂和木材保护药剂等把它们在冬眠的时候药死，许多错误的观念也使人类大批地捕杀它们。一些种类栖居的空心树木被伐掉了，废墟被拆除或者被重修得严丝无缝，使其无法生存。蝙蝠在维护自然界的生态平衡中起着很重要的作用，各种食虫类蝙蝠能消灭大量蚊子、夜蛾、金龟子、尼姑虫等害虫，一夜可捕食3000只以上，对人类有益。蝙蝠所聚集的粪便还是很好的肥料，对农业生产有用。经过加工的蝙蝠粪被称为“夜明砂”，是中药的一种。

在我国东北，研究人员发现：真菌导致褐色蝙蝠大量死亡。在威斯康辛州的美国地理勘测国家野生动物健康中心证实，一种真菌相关

的综合症在最近几年的冬季影响了纽约州北部佛蒙特州和马萨诸塞州的蝙蝠。这是一种不平常的真菌，在气温低的时候，它可以在蝙蝠的皮肤上打圆行的小洞。它穿透蝙蝠的皮肤，使蝙蝠在冬眠的时候感到饥饿。一位研究者说，我们已经有相关的证据表明这是导致蝙蝠大规模地死亡的首要原因。蝙蝠一个接着一个的死去对它们来说实在是一个灾难。以前一直认为真菌（是一种由于环境污染而出现的病毒或毒素）是导致蝙蝠死亡的第二原因。纽约州环境保护局曾说："有这样的可能，蝙蝠居住的山洞里有许多种真菌，它们都会对蝙蝠产生影响。"Blehert博士说，真菌的入侵导致蝙蝠饥饿是由于蝙蝠有冬眠的习惯，在冬眠期间它们每两个星期就会有一个短暂的苏醒。真菌传染会使它们苏醒的频率更高，而每次苏醒都会消耗大量储存的脂肪，所以蝙蝠所贮存的能量与正常情况相比就大大减少了。更多的研究者开始探索到底是

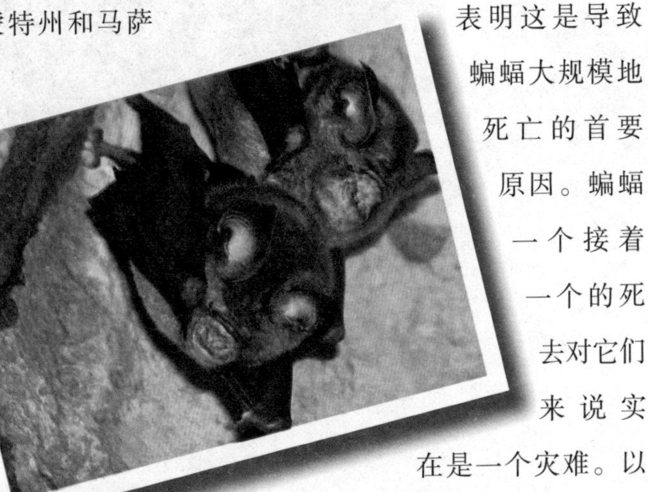

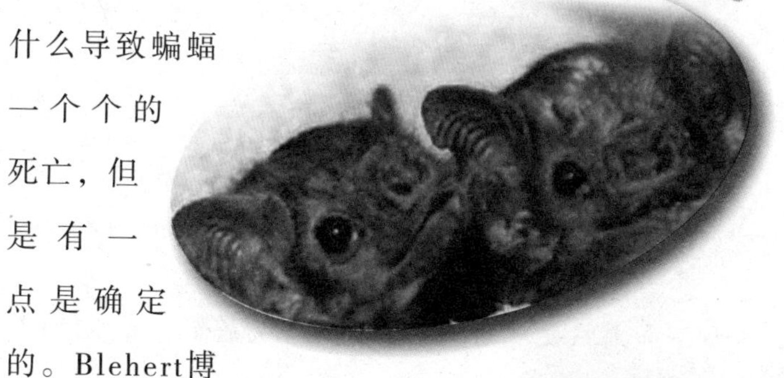

什么导致蝙蝠一个个的死亡，但是有一点是确定的。Blehert博士说，在蝙蝠居住的山洞中用大量的真菌剂是有害而无益的，在山洞中消除所有真菌恐怕是很糟糕的主意。

蝙蝠还是研究动物定向、定位及休眠的重要对象，对它们辐射技术的秘密人们至今还没有完全搞清楚，人类仅仅只是知道了蝙蝠能够做些什么了，但仍然不知道它们是怎样做的。

这些都说明，在我们的生活中蝙蝠出现了锐减的趋势，如何保护我们的蝙蝠呢？这一直是我们需要认真思考的问题，这个问题需要引起越来越多的人士的高度重视。只有这样，我们的家园才会处于平衡的生态环境中，才会变得越来越美好。

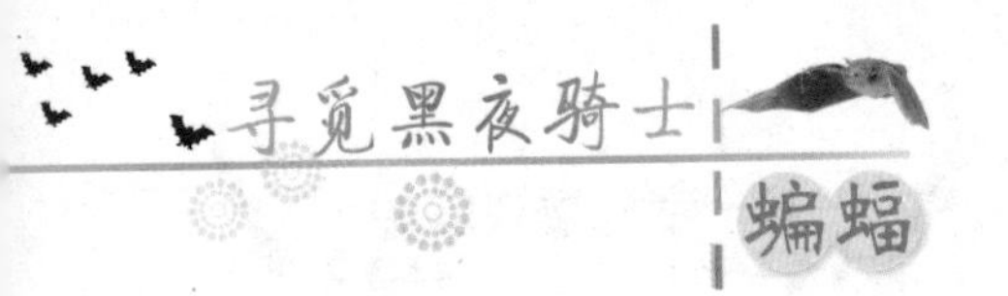

蝙蝠小知识

最"长舌"蝙蝠

科学家发现，一种不久前被发现的蝙蝠物种的舌头居然是身体的1.5倍，堪称比例最大的"长舌"哺乳动物。

迈阿密大学研究人员设计一个很长的管子，让一种叫Anoura fistulata的蝙蝠通过管子吸取糖水，借此测量它的舌头长度。结果显示，这种蝙蝠的舌头长达85毫米，是它们体长的1.5倍，就比例而言是哺乳类动物最长的，在全部脊柱动物中也仅次于变色龙。

该蝙蝠去年在南美洲厄瓜多尔的安第斯山区首次被发现。研究人员认为，它超长的舌头是与当地一种呈现超长漏斗形的花共生演化的结果，Anoura fistulata蝙蝠是当前所发现唯一能深入这种花蕊基部吸取花蜜的蝙蝠。

这种蝙蝠容纳长舌头的方式同样令人惊讶，它将舌头缩回至胸腔，而非长长的吻部，这样一来，它的长舌既能享受花蜜，吻部也能迅速开合，这种蝙蝠能在1秒钟之内吞吐舌头达7次之多。

第二章　蝙蝠说多繁种品

日本东京工业大学冈田典宏教授领导的研究小组通过遗传基因分析发现；在1亿年前的恐龙全盛时期，蝙蝠和马、狗从类似老鼠的哺乳类祖先动物开始分别走向进化之路。6500万年前，恐龙灭绝之前的新时代，他们开始改变了样子，分别进化成不同的形象。这一研究成果是。在动物类别中，蝙蝠应该算是很特殊的一类。蝙蝠是哺乳类中古老的一支，因前肢特化为翼而得名，分布于除南北两极和某些海洋岛屿之外的全球各地，以热带、亚热带的种类和数量最多。

蝙蝠因品种的不同而差异较大，例如大多吃昆虫的蝙蝠（夜行性）是靠回声定位的，而狐蝠、果蝠（日行性）等食果子的，则靠眼睛。蝙蝠类动物全世界共有900多种，我国约有81种，是哺乳类中仅次于啮齿目的第二大类群。它们可以大体上分成大蝙蝠和小蝙蝠两大类，大蝙蝠类分布于东半球热带和亚热带地区，体形较大，身体结构也较原始，包括狐蝠科1科。小蝙蝠类分布于东、西半球的热带、温带地区，体型较小，身体结构更为特化，包括菊头蝠科、蹄蝠科、叶口蝠科、吸血蝠科、蝙蝠科等十余科。本章将为大家细细道来种类多样的蝙蝠。

蝙蝠的种类划分

蝙蝠在动物分类上属于翼手目，本目是哺乳类中唯一能真正飞翔的一类，由森林生活的一支古食虫类演化而来，起初由一树跳至另一树，渐渐发展出飞膜。翼手类最初皆是食虫的，后来有些变为食果，少数甚至特化为吸血的种类，如南美吸血蝠。身体构造适于飞翔，前肢特化为翼。不同于鸟翼，蝙蝠的翼是前后肢同躯干间的飞膜，膜内有伸长的掌骨和第二、三、四、五指骨的支撑（如扇子骨支持扇面一样）。前肢第一指具爪，便于攀缘（食果蝠第一、二指皆具爪）；后肢五趾皆具钩爪，可倒挂身体。骨骼细而轻，胸骨具龙骨突，供发达的胸肌附着。心、肺、肾的比例皆较大，这是和蝙蝠飞翔生活，新陈代谢水平相关的。

乳头通常一对，位于胸部。夜出觅食。臼齿齿冠形状因食性不同而异。本目种类众多，全世界现存的有920

种，仅次于啮齿类，分为两个亚目：

（1）大蝙蝠亚目

体型较大，除第一指具爪外，第二指也具爪。臼齿钝，具纵沟，以果类为食。除果蝠属外均不使用回声定位。吃果实，有时对果树造成危害分布于热带和亚热带地区，中国仅一科，即狐蝠科，分布限于华南一带。例如棕果蝠、狐蝠。

狐蝠体型大，两翼展开长达90厘以上。面型似狐，故名狐蝠。日间成群倒挂在大树枝上，夜间出外觅食野果、花蕊。每胎产一仔，冬季隐匿于洞穴中各眠。

（2）小蝙蝠亚目

体型较小，仅第一指具爪。回声定位能力发达。白天头朝下用后肢倒悬在洞穴中，晚上飞行捕食昆虫。多数种类吃双翅目、鳞翅目、鞘翅目等类昆虫，有益。也有食肉、食果、食鱼及食血的。食果的如叶口蝠，食血的如吸血蝠。有些种集大群栖息，有些单独。臼齿具尖锐齿尖，适于食虫。耳通常具耳屏。本亚目分布遍及全球。产于我国的如蝙蝠、马蹄蝠、菊头蝠等。

小蝙蝠亚目有6科，分别如下：

①蝙蝠科。其为翼手目中最大的科。体型一般较小，具发达的尾，但尾尖不伸出股膜之外。吻部不具明显的叶状突，耳具耳屏。如蝙蝠背毛灰褐色，腹毛浅棕色。耳

宽短，耳屏短。北京大学生物系师生曾在校园里对这种蝙蝠进行了生态观察。白天栖息在屋垮下缝隙内或天花板上，有的匍匐而柄，有的以后肢将身体倒挂。一天内出动两次觅食：一三定在黄昏由20：15—21：30，另一次在黎明前出3：30—4：30。在黎明，蝙蝠返巢是在家燕出现之前；在黄昏，蝙蝠的出巢是在家燕归巢之后。家燕是白天班，蝙蝠是夜晚班，它们同是替人们消灭蚊虫的得力助手。蝙蝠猎食多飞翔于池塘、河湖附近的草地上空。据解剖材料，蝙蝠胃内食物大多属于蚊虫一类的双翅目昆虫。每年繁殖一次，每胎二仔。在哺乳期，管见到飞翔中的母蝙蝠在两个乳头上各挂着一个小蝙蝠。实验证明：母蝙蝠有辨认亲仔的能力，如果把不是它亲生的小蝙蝠放在它身边，它不但不哺乳，而且还会咬这个“野种”。

②狐蝠科。该科成员以大眼睛、短尾或无尾、耳朵结构简单、口鼻部较长为特征，分布于旧大陆热带、亚热带地区，总数超过160

种，以东南亚和非洲种类最多。狐蝠科成员的总体外形多比较接近，但体型差距很大，其中一些最大型的成员如狐蝠属的大型种类体长超过40厘米，翼展科超过1.5米，体重超过1千克；而小型的无花果果蝠属的成员体长仅5～7厘米，翼展不到15厘米，体重不及20克。二者虽然大小差别甚大，但无花果果蝠看上去颇似小型的狐蝠。狐蝠科也有少数相貌比较特殊的成员，如非洲的垂头果蝠口鼻部膨大看似锤子，分布于西太平洋诸岛的背囊果蝠有不同与其它果蝠的较长的尾。狐蝠科成员均为植食性，其中大型的种类多以果实为食，小型种类主要食花蜜。

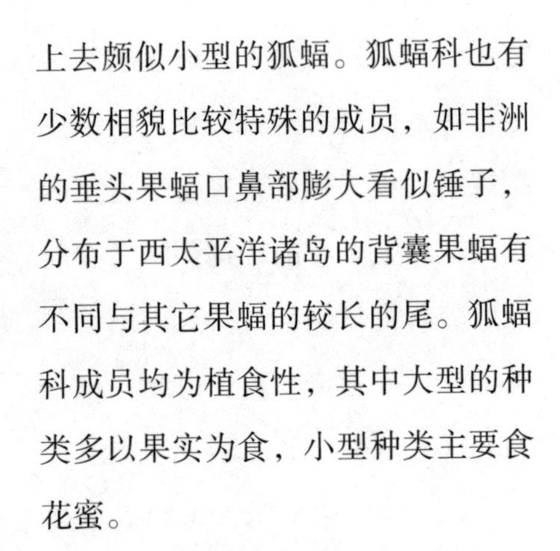

③叶口蝠科。该科是特产于拉丁美洲的大科，因有发达的鼻叶而得名，和旧大陆的菊头蝠与蹄蝠相对应。叶口蝠科成员的耳朵大小不一，均有耳屏。叶口蝠科的成员无论从体型还是习性上都非常多样化，除了小型食虫性蝙蝠之外，也有体型非常大的肉食性成员、食果实或花蜜的成员甚至吸血的成员。

④吸血蝠亚科。该亚科的3种吸血蝠有时也单列为吸血蝠科，是蝙蝠乃至陆生脊椎动物中仅有的吸血的成员。吸血蝠常在地面用四肢行走，栖灵活性不亚于鼯蝠。叶口蝠科中体型最大的成员是假吸血蝠，比旧大陆的假吸血蝠体型更

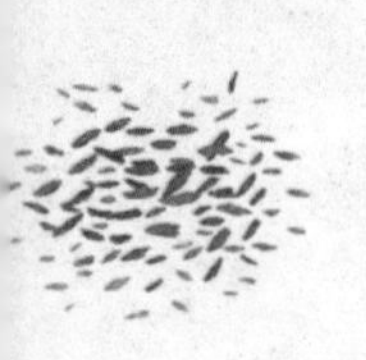

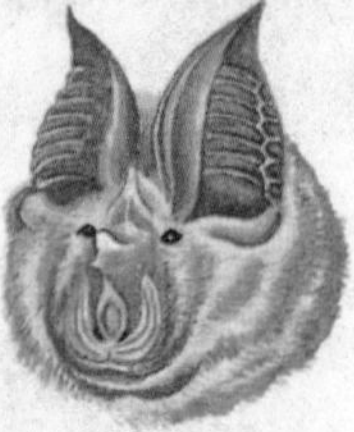

大，翼展可达1米，是小蝙蝠亚目体型最大的成员，也是新大陆最大的蝙蝠，和旧大陆的假吸血蝠一样，均可以捕食较大的猎物。叶口蝠科有多种食果实和花蜜的成员，拉丁美洲的不少植物依靠它们来授粉和传播种子。

⑤菊头蝠科。该科是分布于旧大陆的小型到较大型蝙蝠。菊头蝠因有结构比较复杂的马蹄形鼻叶而得名，从鼻孔而非从嘴中发出声纳，耳朵较大但没有耳屏。菊头蝠主要生活于热带和亚热带地区，少数分布于温带地区，分布在温带地区的菊头蝠在冬季要冬眠。

⑥蹄蝠科。该科是个与菊头蝠科非常相似的科，现多被并入菊头蝠科，成为仅次于蝙蝠科、狐蝠科和叶口蝠科的第四大科。蹄蝠科分布于旧大陆热带、亚热带地区，体型从微小到较大。蹄蝠和菊头蝠一样有马蹄形的鼻叶，但是鼻叶上没有菊头蝠那样复杂的结构，耳朵大小中等，和菊头蝠一样没有耳屏。蹄蝠食多种多样的昆虫，常在洞穴中结成大群。有些蹄蝠适应在人类的生活居住地区活动，数量非常多，能捕食大量害虫。

常见的蝙蝠种类

◇ 大耳蝠

大耳蝠的英文名为 Common Long-eared Bat，别名为兔蝠、褐大耳蝠、普通长耳蝠。一看名字，我们就能知道此蝙蝠的特征，耳朵特别大。

大耳蝠外部表现为耳大，椭圆形，几乎近其前臂之长；耳内缘基部左右会合，稍上方有明显的突出叶；有一条明显的皮褶与内褶几乎相平行；耳屏呈披针形，其外缘基部突起一小叶。翼膜起自外趾之基部；无距缘膜突起。大耳蝠的体背呈不均匀的淡灰褐色，毛基黑褐；腹毛尖端颜色较淡，近灰而略沾黄。其头骨的吻部甚短，脑颅大而圆，自吻部一额部逐渐升高；听泡很大。上颌内门齿各有一后尖，外门齿较小，甚小于内门齿；上颌犬齿后每侧仅有1枚小前臼齿，大前臼齿甚大而缺少前尖；上臼齿前2枚甚大，而后1枚缺后尖；下颌小前臼齿2枚。

大耳蝠夏季栖居于树洞、房

屋的顶间、废墟的墙缝或洞穴。苏联的大耳蝠9月开始冬眠。冬眠中的大耳蝠，耳折于臂下，仅露出耳屏，体表温度仅有5.5摄氏度。大耳蝠飞行时，耳倒向后方，可停翔于空中的一适捕食昆虫。

参加繁殖的大耳蝠雌体组成小群；雄性个体通常保持单独的生活，直到6月，雌性产崽1～2只。

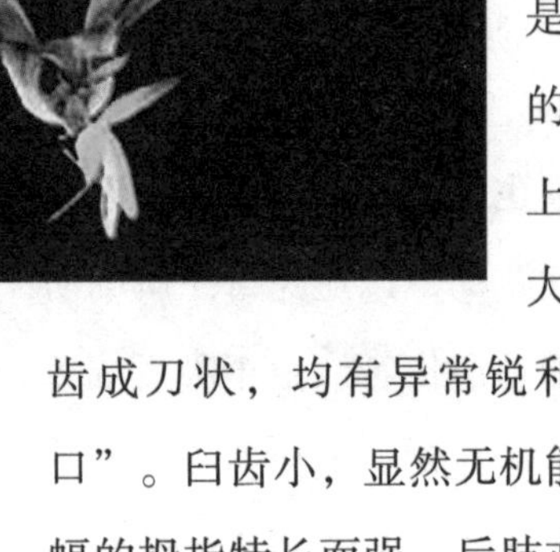

大耳蝠分布在黑龙江省的伊春（带岭）、呼玛县（漠河、富克山）、大兴安岭东部以及亚布力。除东北地区外，在河北、甘肃等地均曾发现。

大耳蝠被列为稀有动物，这主要是由于洞穴的毁坏和人类的打搅，还有食物来源的减少（由于它们的猎物的栖息地的减少）。据估计，剩下的大耳蝠大约只有5000只。

◇ 吸血蝠

吸血蝠是名副其实的以血为食的类群，也是哺乳动物中特有的吸血种类。分布在美洲中部和南部，体型小，最大的体重不超过30～40克。头骨和牙齿已高度特化，颊齿在数量和大小上都减小，是最特化的种类。上门齿特大，上犬齿成刀状，均有异常锐利的“刀口”。臼齿小，显然无机能，吸血蝠的拇指特长而强，后肢亦强大，能在地上迅速跑动，甚至能短距离跳跃。无尾、具鼻叶、飞行能力强。

吸血蝠食性特殊。它们在天黑之后才开始活动，每晚定时觅食。白翼吸血蝠和毛腿吸血蝠嗜吸

鸟血，而吸血蝠则吸哺乳类血。它们降落于牛、马、鹿等寄主附近地面，然后爬上前肢到肩

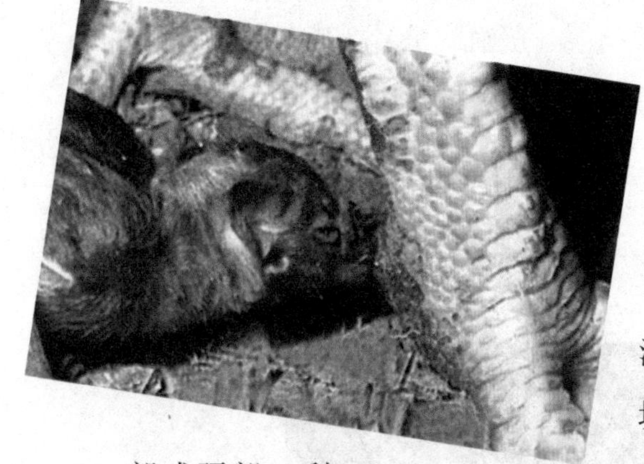

部或颈部，利用其上门齿和犬齿，能切开几毫米厚的皮肤，用舌舔食流出的血液。偶尔它们也在家畜脚上吸血，它能不时迅速跳动，以避免寄主脚的防御动作而造成伤害。由于吸血蝠唾液中的抗凝血剂，能使血液减速凝固而吸血相当顺利。每头蝙蝠每晚吸血量超过其体重的50%，一只34克的吸血蝠，每晚大概吸血18克。吸血蝙蝠如此大量吸血，在一些地区妨碍家畜生长，也由于它传播狂犬病和其他疾病，因此它们是些令人讨厌的动物。令人恐惧的是，吸血蝠偶尔也吸人血。

吸血蝠肾脏的机能极为有趣，它有显著浓缩废物的能力。吸血蝠在取食后不久便排尿，迅速丧失所吸血液中的大部分水分。这样，蝙蝠在吸血后能轻装飞回栖息地，既可减少能量消耗，也可减少危险。回到栖息地后，继续消化这些脱水的血液，直到形成粪块，不再丧失水分。

世界上有许多关于吸血鬼的传说，在美洲有一些以吸血为生的蝙蝠使这个传说成为事实。当地曾流传着一种迷信的说法，认为它们都是无恶不作的巫婆，在夜里脱了

皮，变成一个火球，躲在僻静的角落里，一有机会就飞到人和动物身上来吸血，真可谓残忍的“吸血鬼”！

吸血蝙蝠在分类学上隶属于吸血蝠科，吸血蝠属，共有3种，即普通吸血蝙蝠、白翼吸血蝙蝠和毛腿吸血蝙蝠，均分布于美洲热带和亚热带地区。吸血蝙蝠的身体都不大，最大的体长也不超过9厘米，没有外露的尾巴，毛色主要呈暗棕色。它们的相貌看起来非常丑恶，鼻部有一片顶端有一个呈“U”字形沟的肉垫，耳朵尖为三角形，吻部很短，形如圆锥，犬齿长而尖锐，上门齿很发达，略带三角形，锋利如刀，可以刺穿其它动物的突出部位而饱食。由于吸食流质的

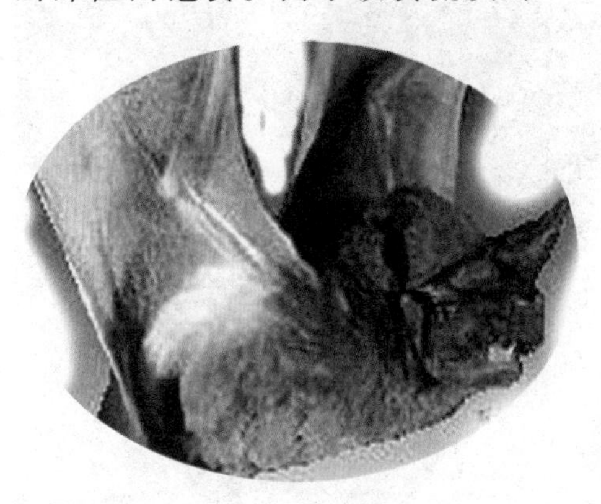

血，食道短而细，并且有狭长的胃。它们的前后肢和指尖都有宽大的翼膜相连，形成一个强有力的翅膀，以利飞行，后肢之间生有蹼。吸血蝙蝠的眼睛比其他蝙蝠的眼睛更大，但是在漆黑的山洞里却没有什么作用。它们的嗅觉和听觉很灵敏，跟其他蝙蝠一样具有“回声探测器”。它们发出的高频声波，超出人类的听觉能力。只有当这些声音被放慢到原速的1/8时，人类才能听到。像其他蝙蝠一样，吸血蝙蝠有尖钩般的利爪，可以紧紧攀附着岩石的裂缝，或粗糙的边际。虽

然大多数蝙蝠在地上都无能为力，但是吸血蝙蝠有细长的腿和前臂，这使它们能够毫不费力地在地上移动。睡觉的时候，吸血蝙蝠则通常用一条腿吊在树上。

吸血蝙蝠是群居的动物，成群地居住山谷洞穴的顶壁，似乎在分享着相互陪伴的欢乐，过着引人注目的群居生活。吸血蝙蝠栖息在几乎完全黑暗的地方，在它们的藏身地由于淤积的消化血液散发出一股浓烈的阿摩尼亚气味。它们白天潜伏在洞中，等到午夜前飞出山洞，常距地面1米左右低空飞行搜寻食物。对一般人来说，吸血蝙蝠是令人厌恶的，甚至是肮脏的。但实际上它们是比较干净、整洁的动物，大部分时间都用来认真地梳理打扮，经常用利爪把身体上纤细柔软的毛梳理整齐。因此，据说16世纪的印加帝国皇帝还拥有有一件用吸血蝙蝠的皮制成的大擎。当排泄的时候，吸血蝙蝠会小心翼翼地把身子离开洞壁，以免弄脏自己。这些粪便堆积在各群吸血蝙蝠的下面，成为其他一些生物的乐园。

吸血蝙蝠是一种营养方式很特殊的小型蝙蝠，不吃昆虫或果实，而专爱吃哺乳动物和鸟类的血。通常的食物是家畜的新鲜血液，有时也吸人血。它总是小心谨慎地飞到袭击对象跟前，在上空盘旋观察寻找下手机会。它们往往寻找熟睡的受害者，直接飞落在它的身上，而更多的是飞落在它的身旁，然后再悄悄地爬过去，爬上受害者的身上，这样不容易被发觉。它们选择动物的裸区或毛、羽稀疏部分，如肛门、外阴周围、鸡冠和垂肉等裸露部分，耳朵和颈部以及脚也常被光顾，当选中合适的地方后，便迅速地用尖锐的利齿轻轻地将皮肤割破一道浅浅的小口，然后缩回来，试探一下对方是否已经熟睡，由于受害者不感到疼痛，通常不会被惊醒，仍然保持安静状态。吸血蝙蝠在吸血时一般每秒钟吸5次，对于不同的对象会选择不同的吸血部位，例如对于牛和马，专咬背部和体侧；遇到猪，专咬腹部；如果是鸟类，则咬腿部。有人曾目击一只吸血蝙蝠用翼钩攀住一只雄鸡的腿，自己的后腿也站在地上，雄鸡走时它也跟着走，边走边吸雄鸡的

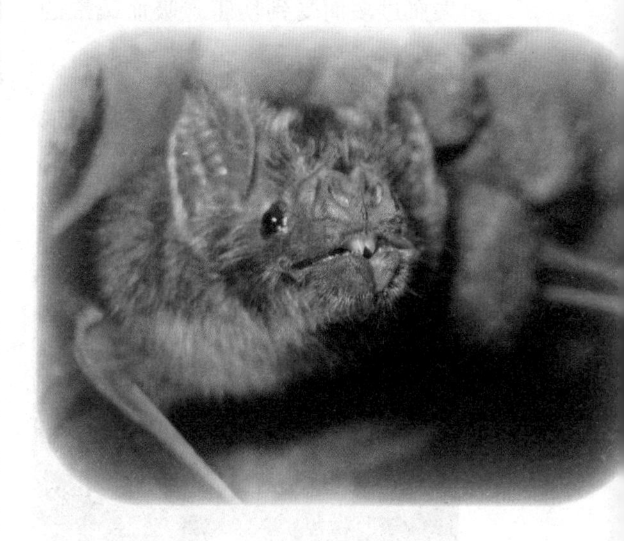

血。由于当地的农场主通常在夜晚把家畜拴起来，以免走失，结果这样的家畜特别容易受到吸血蝙蝠的进攻。

在下嘴之前，吸血蝙蝠常常在它选择的位置待上几分钟，又闻又舔，再用长长的牙齿先把选择好的对象身上的毛咬掉。吸血蝙蝠从不

深咬，或与受害者争斗。它们的唾液中含有一种奇特的化学物质，能够防止血液凝固，使其能顺利地吃个饱。由于被咬后血液不会凝固，有时血从伤口流出可长达8小时，动物如果被咬上很多次，也会因为失血过多而受到伤害。吸血蝙蝠的舌下和两侧有沟，血流沿沟通过。舌可以伸出和慢慢地缩回，从而形

成口腔中部分真空，有助于血流入口中。吸血蝙蝠非常贪婪，吸血总是不厌其多，每次把肚子撑足，大约可吸血50克，相当于体重的一半，有时甚至吸血多达200克，相当于体重的一倍，却照样能起飞，真是地地道道的“吸血鬼”。每次吸血的时间大约为10多分钟，最长达40分钟。吸血蝙蝠在一个夜里，能吸几种对象的血，或者往返几次去吸同一对象的血。饱餐后，吸血蝙蝠便回到了自己的栖息地。事实上，任何静止的温血动物都可受到袭击，但是吸血蝙蝠很少去咬狗，因为狗能听到较高频率的声音，能

觉察到吸血蝙蝠的靠近。有时吸血蝙蝠也咬熟睡的人，伤口虽然不大，出血量可能很多，被咬后大片血污令人吃惊。但是，真正的危险是疾病的传染，例如它在吸取动物血液时，能够传播马的锥虫病；在咬伤人和家畜时，最易传染狂犬病。

吸血蝙蝠的生理系统非常特殊，除了嗜血以外，再也不能吃别的东西了。吸血蝠的寿命较长，平均寿命为12年，一生所吸的血竟有100升之多。寿命最长的一只雌性吸血蝙蝠曾在笼中生活了19年半才死亡。

吸血蝙蝠在求偶的时候几乎没有什么仪式。在交配过程中，雄兽常常十分放肆地对待雌兽。交配以后，许多雄兽就不再在家庭生活中起任何作用了。经过漫长的妊娠期，幼仔出世了。刚出生的幼仔几乎没有毛，它们用钩子一样的乳牙叼住乳头，紧紧地依附在雌兽的身上，在变换乳头时必须用脚紧紧地抓住母亲的身体。在寻找食物的时候，雌兽把幼仔留在家中，由其它的雌兽来照料它们，这时幼仔们甚至还可以到其他哺乳的雌兽那里去吃奶。尽管幼仔的哺乳期长达9个月，但是当它长到四五个月时就可

以飞行得很好了，并且可以陪着自己的母亲外出觅食。通常雌兽可以和它的幼仔们共享一个进食地点，但与其他吸血蝙蝠在一起时就要争夺最好的下嘴地点了。吸血蝙蝠的雌兽和幼仔之间的亲情关系，与它们那种令人憎恶的外表以及令人毛骨悚然的生活习性形成了鲜明的对照。

◇ 棕果蝠

在广西南部地区，生活着危害龙眼、荔枝果实的食果蝙蝠。目前发现食果蝙蝠有三种，其中以棕果蝠为主。

棕果蝠分布于广西、广东、海南、福建等省区；寄生植物有龙眼、荔枝、香蕉、枇杷、水蒲桃、人心果、芒果、蕃石榴、菠萝、桃金娘、梨、苹果、西瓜、蕃茄、香瓜、木瓜、苦楝和棕榈等40多种栽培的瓜果和野果；以成蝠、幼蝠啃食近成熟到成熟期的瓜果。

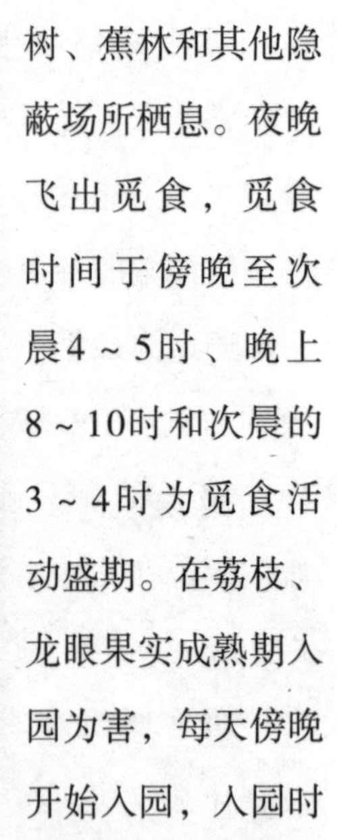

棕果蝠是一种寿命较长的哺乳动物，在冬寒地区，常成群队匿在岩窟中冬眠，但在广西南部地区，冬天仍见其外出觅食活动。每年3月中旬至4月中下旬交尾活动，7～8月为产仔期，胎生，每胎一仔。初产幼蝠由母蝠护育，母蝠外出觅食时，常将幼蝠置于胸前，而幼蝠双翼紧抱母体，口衔母乳头，随母飞翔。

棕果蝠白天倒挂群栖在山洞，或三五成堆倒挂在枝叶稠密的竹、树、蕉林和其他隐蔽场所栖息。夜晚飞出觅食，觅食时间于傍晚至次晨4～5时、晚上8～10时和次晨的3～4时为觅食活动盛期。在荔枝、龙眼果实成熟期入园为害，每天傍晚开始入园，入园时由少数个体在果园上空盘旋飞翔，忽上忽下寻找取食目标，一旦发现即向果树株俯冲，叼含到果粒后顺势向下滑翔随即上飞到附近的林木上或屋檐下倒挂啃食，依此反复为害；随着天色渐黑，入园的个体数增多，为害加剧。当夜深人静时，有些个体可直接在果穗或果株上取食。至黎明，果蝠停止入园，在园内的个体则飞回原地栖息。

此蝠最喜欢咬食荔枝、龙眼的成熟果实，食量较大，在其怀孕、生育期，食量更大，一头雌蝠在1个小时内可食下自身重量2～3倍的食物。在龙眼果园，当龙眼果实假种皮的可溶性固形物含量达13%时，果蝠开始食害，含量达20%，受害严重。在果蝠取食活动中，遇到人工安装的红、绿色灯光，紫外光和白炽光等，仍继续取食。对不同的声波或异常嗅味、幸辣味，虽在短期内表现有不适之感，但能很快适应，正常取食。在无人干扰下，果蝠每晚进入果园的方位很少变动。在大雨过后或闷热无月无风之夜，果蝠入园取食特别活跃。棕果蝠的主要天敌是猫头鹰。

棕果蝠成年蝠的雌蝠体重100～110克，体长140～145毫米，翼展450毫米左右，繭臂长92～110毫米，尾长16～18毫米。雄蝠体重80～90克，翼展340～380毫米，前臂长72～80毫米，尾长11～14

毫米。雌雄体的头顶和体背的毛为棕褐色，体侧面和腹面的毛为灰褐色。翼膜淡褐色。脸吻长，形似犬吻。上、下唇和有一条纵沟。耳长椭圆形，无耳屏。但犬齿发达，第一前臼齿大开门齿，第二臼齿显著大于臼齿；齿尖利；上、下齿冠低平，具纵沟，外侧稍具尖齿。

棕果幼蝠初产幼蝠体重约5克，全身光裸无毛，鲜红色。

◇ 印度狐蝠

印度狐蝠也叫印度飞狐，是蝙蝠类中最著名而且是体型最大的一种。它的体长为20~25厘米，没有其他蝙蝠所具有的尾巴，体重约为300~400克。头骨的愈合程度很高，轻而坚固，听泡特别膨大。头和颜面部狭长，吻尖而突出，耳长且直立，结构简单，没有耳屏，眼大而圆，牙齿尖锐，整个面部看起来很像狐狸，因此得名“狐蝠”。颈部较长，前肢掌骨和除第一指外的指骨特别延长，达60~70厘米，仅具1指，指的末端有爪。后肢扭转，膝向背侧，比前肢短得多，约为12厘米，具5趾。前肢和后肢完全由张有弹性的皮膜联结在一起，皮膜展开时，宽达150厘米。头部及皮膜均呈深棕色，颈部及腹部为浅棕色。

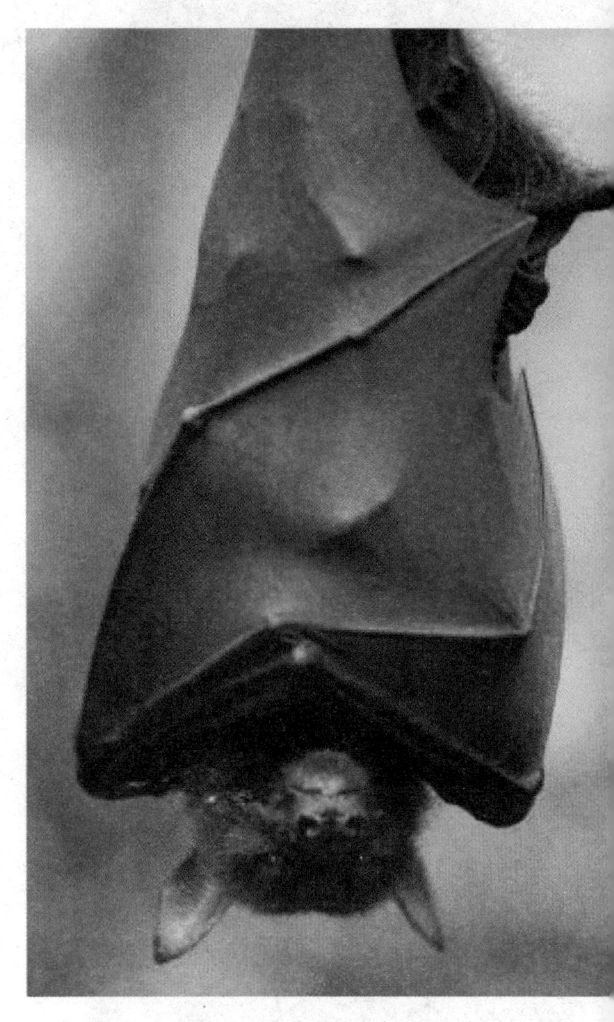

印度狐蝠主要产于亚洲南部的印度、巴基斯坦、尼泊尔、不丹、缅甸和斯里兰卡等地。据1964年发表的《青海甘肃兽类调查报告》记载，这种狐蝠还分布于我国青海湟水河谷一带，曾在民和县发现，但极为少见，可能是近于绝灭的残留于北方的物种。它栖息于果实丰富的森林地带，属于夜行性动物，每当夜幕降临的时候，就从栖身之所倾巢而出，寻找食物。白天则用长而弯曲的爪钩住树枝、屋檐、石缝或洞穴的墙壁等，倒挂着睡觉或休息，靠着足腱的特殊构造，钳握得非常紧，甚至死去时还在这样悬挂着。喜欢集群生活，常常数百只，甚至上千只聚合在一起。它以植物的果实和花蜜等为食，特别是香蕉等软质的果实尤为喜食。吃果实的时候总是倒悬着头，大口地咬食。它的食量很大，在果实丰盛的情况下，几个小时内所吃进的食物总量居然能达到体重的两倍以上。

印度狐蝠的胸肌十分发达，胸骨具有龙骨突起，锁骨也很发达，这些均与其特殊的运动方式有关。它非常善于飞行，但起飞时需

要依靠滑翔，一旦跌落地面后就难以再飞起来。飞行时把后腿向后伸，起着平衡的作用。外出觅食的时候，往返飞行的途径往往是固定的。它在休息的时候，也经常抖动身体，拍动皮膜。与其他蝙蝠不同的是，据说它的视觉也相当灵敏，能够在夜间靠视觉的帮助进行活动、觅食。

蝙蝠一般都有冬眠的习性，冬眠时新陈代谢的能力降低，呼吸和心跳每分钟仅有几次，血流减慢，体温降低到与环境温度相一致，但冬眠不深，在冬眠期有时还会排泄和进食，惊醒后能立即恢复正常。它们的繁殖力不高，而且有“延迟受精”的现象，即冬眠前交配时并不发生受精，精子在雌兽生殖道里过冬，至翌年春天醒眠之后，经交配的雌兽才开始排卵和受精，然后怀孕、产仔。印度狐蝠的发情期不固定，孕期约为6个月，每胎产1～2仔。寿命为20～25年。它也是动物园中的观赏动物之一。

◇ 台湾狐蝠

台湾狐蝠，别名琉球狐蝠、果蝠、大蝙蝠，是我国台湾岛独有的一种世界上最大型蝙蝠。在生物界分类列脊椎动物、哺乳兽纲、翼手目、大翼手亚目、狐蝠科、狐蝠属。其主要分布于绿岛一带，散见于花莲、宜兰、台东、兰屿及高雄等地。

台湾狐蝠全身深褐；头大似狐，与躯干长约 20 厘米，重600～800克；鼻似犬鼻；吻突出；眼大；耳壳卵圆，基部成管状，

无耳珠或迎珠；颈与肩侧有白或金黄环带毛被；前肢长12～14厘米，与掌、指骨间皮肤延长成飞膜，展开可达80～100厘米。第1、2指有爪；无尾，股间膜不发达。

台湾狐蝠为台湾之特有亚种，栖息于原始阔叶林中的近溪树上，冬季藏于洞穴内，喜群居，会飞行，但与其它蝙蝠不同，它们不使用超音波定位。台湾狐蝠是夜行性动物，它们清晨或傍晚群体外出觅食，活动期持续数小时；白天靠后肢倒挂于树枝憩息。食物为棱果榕果等浆果汁液或花蕊，对果园危害极大。

台湾狐蝠的繁殖率奇低，繁殖期在每年的春初。妊期6个月，每胎产1～2子，最长寿命20年。

◇ 红蝙蝠

红蝙蝠是一种形似蝙蝠的动物。在《西阳杂俎续集·支动》记载：“刘君云，南中红蕉花，时有红蝙蝠集花中，南人呼为红蝙蝠。”还有《北户录·红蝙蝠》记载：“红蝙蝠出陇州，皆深红色。唯翼脉浅黑。多双伏红蕉花间，采者若获其一，则一不去。南人收为媚药。”

◇ 大足鼠耳蝠

大足鼠耳蝠是首次被发现的一种食鱼蝙蝠，它是我国特有的蝙蝠种类，且是首次被证实性地发现捕食鱼，是继墨西哥兔唇蝠、索诺拉鼠耳蝠之后被证实的又一种食鱼蝙蝠。这在全亚洲是第一次，在全世界是第三次。大足鼠耳蝠食鱼特性的发现具有重要的科学意义，它再一次地证实动物某一类特殊的生活习性可以在不同地区、各自独立地起源。

大足鼠耳蝠没有季节迁飞习性，常集群栖息于丘陵或山区、岩洞及城墙石缝内，主要分布在我国的东南部，包括福建、广西、浙江、香港、山东、陕西、江苏、安徽、江西和云南的部分地区，其他地区很少见。

大足鼠耳蝠秋末初冬发情，次年6月产仔。幼年个体大约6.9克。成体一般体重20 ~ 30克，头体长60 ~ 65毫米，前臂长53 ~ 58毫米。耳较短，向前折转不达吻尖，耳屏狭小，不及耳长之半。身体被毛短而浓密，背部深褐色，腹毛灰白色。其最典型的形态特征是后足异常发达，长约20毫米，相当于其它以昆虫为食的鼠耳蝠后足长度的两倍。

◇ 小长鼻蝠

以果实为食的蝙蝠种类很多，小长鼻蝠就是其中一种。果实中的种子可以从蝙蝠的消化道里平安无损地排出，然后落在地上生根发芽。小长鼻蝠就是一种以果实为食的蝙蝠，它们常食一种仙人掌果实中的黏性物质，然后将剩下的种子从栖息的树上投下。种子就在土中萌发，长出仙人掌幼苗。

◇ 大黄蜂蝙蝠

大黄蜂蝙蝠体型最大只有1英寸，体重仅为2克，可以说是现在最小的哺乳类动物，这种微型哺乳动物可以像蜂鸟一样在空中盘旋飞行，它们像所有蝙蝠一样喜欢栖息在洞穴环境中，喜欢以昆虫为食。由于体型很小，它们可以很容易地栖息在拇指尖上。这种蝙蝠在1974年才被发现，居住于泰国境内的体长仅为3厘米的大黄蜂蝙蝠石灰石岩洞上，它被认为是全球12种最濒临灭绝物种之一，目前世界仅生存着200只大黄蜂蝙蝠。

◇ 犬吻蝠

犬吻蝠科是广布于热带、亚热带地区的较大的科，少数种类科分布在温带地区。

犬吻蝠科成员体型从微小到很大，吻宽广，有些种类嘴唇有褶皱，没有鼻叶。犬吻蝠科成员尾部较长，部分尾巴露在尾膜之外，略似鼠尾。犬吻蝠科成员翅膀扇动频率比其他多数蝙蝠更快，飞行迅速。多数种类高度群居性，结成大群居住在岩洞、树洞甚至建筑物中。

◇ 剑鼻蝠

剑鼻蝠身长约6厘米，尾长约5厘米，重约13克。其皮毛多为黄褐色，鼻尖部有大约2厘米长的鼻叶而为人们所称奇。剑鼻蝠常见于墨西哥的咖啡种植园里，它们经常在晚间活动，缓慢但不失敏捷地飞翔着。硕大的耳朵，肥厚的鼻叶和身体的敏捷性等生命体征显示了这类蝙蝠听觉极佳，它们利用超常的听力于菜地、田间搜集和捕食害虫，同时也“帮助”农民保护了庄稼。

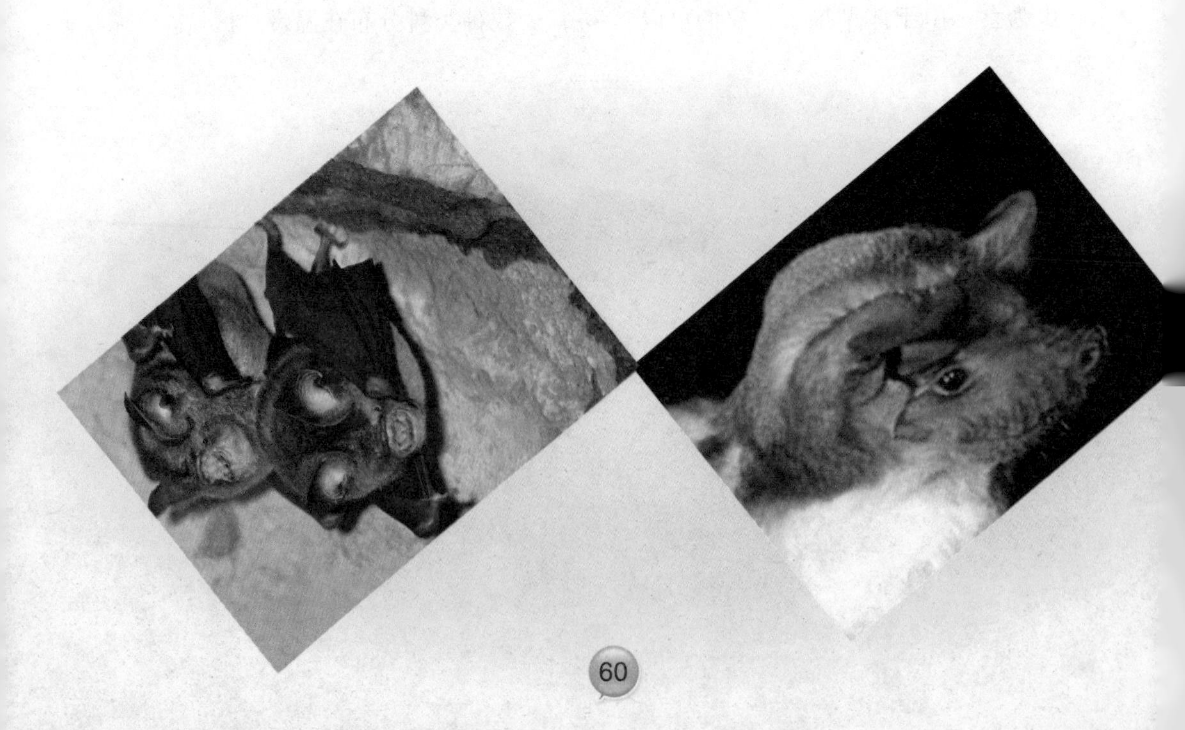

第三章 神奇蝙蝠大揭秘

据报道，2万只蝙蝠生活在同一个洞穴里时，也不会因为空间的超声波太多而互相干扰。蝙蝠回声定位的精确性和抗干扰能力对人们现实生活有怎样重要的参考价值？雷达是谁发明的？“鼻叶”有什么用？有关蝙蝠“鼻叶”的一百年之谜是什么？相信通过这一章大家将会有所了解。

大家也许不知道，百年的蝙蝠粪还有另外一种名字叫做“夜明砂”吧，本章将为大家揭开蝙蝠的神秘面纱。通过本章也许你会恍然，原来蝙蝠对人类疾病也有很好的治疗效果呢。美国得克萨斯州奥斯丁的国会大道桥是150万只墨西哥无尾蝙蝠夏日的栖息地,150万只蝙蝠每晚估计吃掉总重1万至3万磅的昆虫。据估计，每年有10万人在黄昏时分来到国会大道桥，欣赏成千上万只蝙蝠离巢的壮观景象。想不想去看看这壮观景象？想不想知道印度塔尔沙漠西部的古老的小镇死亡之堡的谜底是什么吗？这一章我们将为大家揭示蝙蝠的种种神奇，那么让我们一起来阅读吧！

蝙蝠的本领

◇ 斯帕拉捷的蝙蝠实验之谜

1793年夏季的一个夜晚，意大利科学家斯帕拉捷走出家门，放飞了关在笼子里做实验用的几只蝙蝠。只见蝙蝠们抖动着带有薄膜的肢翼，轻盈地飞向夜空，并发出自由自在的“吱吱”叫声。斯帕拉捷见状，感到百思不得其解，因为在放飞蝙蝠之前，他已用小针刺瞎了蝙蝠的双眼，“瞎了眼的蝙蝠怎么能如此敏捷地飞翔呢？”他对蝙蝠越来越感兴趣，下决心要解开这个谜。

在进行这项实验之前，斯帕拉捷一直认为：蝙蝠能在夜空中自由自在地飞翔，能在非常黑暗的条件下灵巧地躲过各种障碍物去捕捉飞虫，一定是由于长了一双非常敏锐的眼睛。他之所以要刺瞎蝙蝠的双眼，正是想证明这一点。事实却完全出乎他的意料之外。

意外的情况更激发了他的好

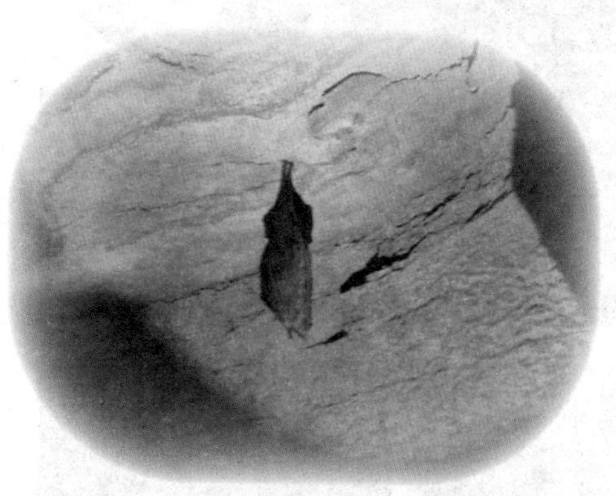

奇心。“不用眼睛，那蝙蝠又是依靠什么来辨别障碍物，捕捉食物的呢？”于是，他又把蝙蝠的鼻子堵住，放它们出去。结果，蝙蝠还是照样飞得轻松自如。“奥秘会不会在翅膀上呢？”斯帕拉捷这次在蝙蝠的翅膀上涂了一层油漆。然而，这也丝毫没有影响到它们的飞行。

最后，斯帕拉捷又把蝙蝠的耳朵塞住。这一次，飞上天的蝙蝠东碰西撞的，很快就跌了下来。斯帕拉捷这才弄清楚，原来蝙蝠是靠听觉来确定方向、捕捉目标的。

斯帕拉捷的新发现引起了人们的震动。从此，许多科学家进一步研究了这个课题。最后，人们终于弄清楚：蝙蝠是利用“超声波”在夜间导航的。它的喉头发出一种超过人的耳朵所能听到的高频声波，这种声波沿着直线传播，一碰到物体就迅速返回来，它们用耳朵接收了这种返回来的超声波，使它们能作出准确的判断，引导它们飞行。

“超声波”的科学原理，现已广泛地运用到航海探测、导航和医学中去了。

◇ 蝙蝠的“超人”本领

（1）具有洞穴作用，与声波产生共鸣

以耳“视”物是蝙蝠的高超本领。

也就是说，蝙蝠能够通过听它所发出的超声波的回声，而在黑暗中“看”世界。其实，这一本领就是我们所说的“回声定位”或“生

物　声纳”。但是一些通过鼻腔发出声纳的蝙蝠，它们鼻孔周围有着奇特的结构，这一直令科学家们困惑不已。

来自德国和中国的研究人员发现，许多蝙蝠鼻孔周围这些令人称奇的复杂皱纹和凹槽，能明显帮助它们调节发出的声纳，让它们在黑暗中“看”得更清楚明白。

（2）蝙蝠“鼻叶”的百年之谜终被解开

大多数蝙蝠从嘴里发出声纳，但大约有300种蝙蝠却从鼻腔里发出声纳，包括具有最复杂声纳的蹄鼻蝠和叶鼻蝠，它们也是最具奇特面孔的蝙蝠中的两种。

这些蝙蝠鼻孔周围通常有特别精细而杂乱的折皱，形象地被称为“鼻叶”。

“鼻叶”有什么用？科学家很久以来一直都在推测，认为“鼻叶”可能有助于蝙蝠声纳波束的形成，影响波束的近、远场特性，但都没有能解释清楚。

山东大学的特聘教授德国计算机物理学家罗尔夫·米勒和他的学

生庄桥对蹄鼻蝠和叶鼻蝠的鼻叶结构上部进行了细致的研究。结果发现，正是蝙蝠的这种面部特征提升了生物声纳，最终导致声纳以特定的方向进行传播。米勒和庄桥将他们的发现发表在美国《物理评论快报》杂志上。

有关蝙蝠“鼻叶”的这一百年之谜，终于有了解释。

（3）鼻叶上部的水平折皱如同洞穴，可与特定频率的声波产生共鸣

鼻叶分上、中、下三个部分，分别称为鼻叶尖、鼻鞍和马蹄面。

据了解，米勒领导的小组以蝙蝠为主要研究对象，通过计算机图像处理及数值仿真研究蝙蝠的声纳特性。

在试验中，他们将亚洲南部的红褐色蹄鼻蝠的鼻叶切下，利用X射线微型CT机对的鼻叶结构进行了扫描，并重建其三维电脑模型，通过计算机仿真技术模拟出蝙蝠声纳声场强度的分布。然后，米勒和庄桥再应用计算机模拟蝙蝠发出的超声波脉冲是如何与鼻叶相得益彰。

电脑模拟结果表明，鼻叶上部的水平折皱具有洞穴的作用，可以与特定频率的声波产生共鸣。米勒形容说，这就好像吹“一排竖笛”，能产生深远的共鸣音调。

（4）蝙蝠的折皱，可能有助于低频率的声波“探视”周围环境

米勒解释说，鼻叶帮助蝙蝠制造出最好的超声波。他说：“对蝙蝠来说，声能就像是我们的钱，我们的钱有限，只能作出决定来如何分配钱的用途。”类似的道理，蝙蝠通过鼻叶来选择声音频率，并将声波分布到不同方向。

在蝙蝠贴地飞行时，鼻叶的这一作用可以加强蝙蝠对地面和食物的探测。

据米勒推测，蝙蝠的折皱有助于低频率的声波“探视”周围环境，而其他频率的声波保持不变，因此蝙蝠能从不同方位来扫视世界。

此外，鼻叶的复杂性加大了蝙蝠超声波的波束，有助于它们完成更加复杂的声纳任务，如在复杂环境中导航，就像茂密的森林中，也帮助它们同时做几件事情，如寻找猎物的同时避免障碍。

“这一点对人类实际应用很有帮助。希望我们的研究能够对传统的天线技术及设计有所启发与帮助。”庄桥说。

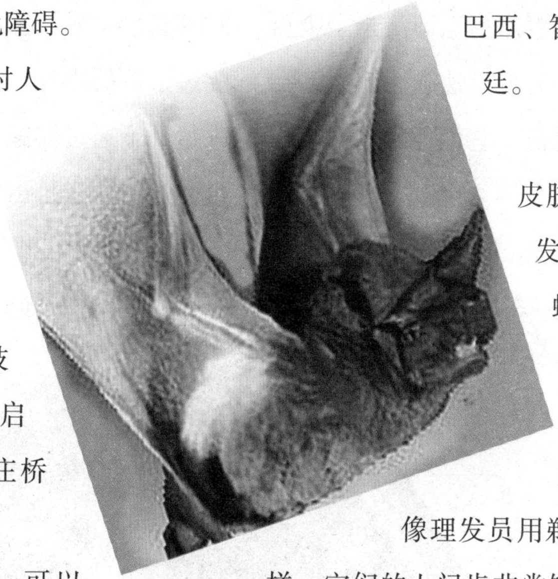

米勒认为，可以应用此原理来提高天线技术，以用于声纳装置、扫描器和无线通信上。

◇ 揭开吸血蝙蝠的神秘面纱

吸血蝙蝠，顾名思义就是以血为食的蝙蝠。全世界只以血为食的蝙蝠共有3种，分别是普通吸血蝠、毛腿吸血蝠和白翼吸血蝠。所有3种蝙蝠均原产在美洲，它们的吸血之旅遍布墨西哥、巴西、智利和阿根廷。

如果猎物皮肤上布满毛发，吸血蝙蝠会用犬齿和颊齿将毛发剃光，就像理发员用剃刀理发一样。它们的上门齿非常锋利，能在猎物身上造成7毫米长、8毫米深的伤口。由于没有珐琅质保护，门齿可永远保持锋利。吸血蝙蝠会在伤口处将唾液注入猎物体内，它们在进食中扮演着至关重要的角色。唾液中含有多种化合物，有些能够延长出血时间，例如抗凝血剂，有些则阻止伤口附近血管收缩。

一只典型的雌吸血蝙蝠体重为40克，20分钟内可吸食超过体重20克的血液。这种惊人的进食行为要归功于它们的身体结构和生理功能，即快速消化血液的能力，帮助它们在美餐之后立即飞走。吸血蝙蝠的胃和肾能迅速除去血浆，在吸血完成之前，它们通常已开始排泄。进食两分钟之内，普通吸血蝙蝠便开始排尿。

大量排尿让吸血蝙蝠从地面起飞变得更为容易，但由于刚刚美餐一顿，它们的体重已增加20%～30%。为了顺利从地面起飞，它们会通过蜷缩而后向空中猛冲的方式获得额外上升力。通常情况下，吸血蝙蝠可在起飞后2小时回到栖息地，在消化食物中度过余下的夜晚。吸血蝙蝠可在激素帮助下通过泌尿系统将蛋白质产生的过量尿素排出体外，也就是在排出含有浓缩尿素的浓缩尿的同时，牺牲少量水分。

蝙蝠与仿生学

仿生学（bionics）是在具有生命之意的希腊语bion上，加上有工程技术涵义的ics而组成的词。大约从1960年才开始使用。迄今为止，生物具有的功能比任何人工制造的机械都优越得多，仿生学就是要在工程上实现并有效地应用生物功能的一门学科。例如关于信息接受（感觉功能）、信息传递（神经功能）、自动控制系统等，这种生物体的结构与功能在机械设计方面给了很大启发。可举出的仿生学例子，如将海豚的体形或皮肤结构（游泳时能使身体表面不产生紊流）应用到潜艇设计原理上。仿生学也被认为是与控制论有密切关系的一门学科，而控制论主要是将生命现象和机械原理加以比较，进行研究和解释的一门学科。

苍蝇，是细菌的传播者，谁都讨厌它。可是苍蝇的楫翅（又叫平衡棒）是“天然导航仪”，人们模仿它制成了“振动陀螺仪”。这种仪器目前已经应用在火箭和高速飞

机上，实现了自动驾驶。苍蝇的眼睛是一种“复眼”，由3000多只小眼组成，人们模仿它制成了“蝇眼透镜”。“蝇眼透镜”是用几百或者几千块小透镜整齐排列组合而成的，用它作镜头可以制成“蝇眼照相机”，一次就能照出千百张相同的相片。这种照相机已经用于印刷制版和大量复制电子计算机的微小电路，大大提高了工效和质量。“蝇眼透镜”是一种新型光学元件，它的用途很多。

自然界形形色色的生物，都有着怎样的奇异本领？它们的种种本领，给了人类哪些启发？模仿这些本领，人类又可以造出什么样的机器？这里要介绍的一门新兴科学——仿生学。

仿生学是指模仿生物建造技术装置的科学，它是在本世纪中期才出现的一门新的边缘科学。仿生学研究生物体的结构、功能和工作原理，并将这些原理移植于工程技术之中，发明性能优越的仪器、装置和机器，创造新技术。从仿生学的诞生、发展，到现在短短几十年的时间内，它的研究成果已经非常可观。仿生学的问世开辟了独特的技术发展道路，也就是向生物界索取蓝图的道路，它大大开阔了人们的眼界，显示了极强的生命力。

蝙蝠在水平地面上是无法起飞的，一定要有一点高低落差。蝙蝠的导航能力绝不仅限于回声定位，它体内具有磁性“指南针”导航功能，可依据地球磁场从数千英里外准确返回栖息地。而此前，众所周知，蝙蝠是著名的“夜行侠”，虽然它的视力非常差，但其拥有超常的回声定位方法，仍可在黑暗中导航觅食。

美国新泽西州普林斯顿大学生物学家理查德·霍兰德和同事们研究发现，当蝙蝠处于人造磁场环境

中，会干扰蝙蝠原来正确的航向，使蝙蝠“误入歧途”。该研究是科学家首次揭示蝙蝠具有磁性导航能力，有助于进一步增进科学家对蝙蝠导航飞行的认知。

擅长夜晚飞行的蝙蝠拥有独特的回声定位，通过发出高音频声音并能根据回声判断物体的方位及距离，这种能力可帮助蝙蝠准确判断猎物所在位置，并有效地绕开树、建筑物等。依据这一理论，蝙蝠的回声定位功能在近距离飞行中可以游刃有余，但对于远距离飞行而言，视力非常差的蝙蝠似乎无计可施了。

目前，霍兰德的这项研究推翻了这种错误观点，他指出蝙蝠具有磁性感官能力，在飞行数千英里之远仍能准确判断方向，蝙蝠的这种能力与某些鸟类有相同之处，除依据磁场，它们还都使用日落作为方向标识器。这将有助于调整动物体内的“指南针”，并有效地区分磁场北向和真实北向之间的差别。霍兰德说，“通过这项研究进一步增强了我们对蝙蝠深入研究的兴趣，原本我们认为蝙蝠只有最远飞行几英里，但实际看来，它们与候鸟具有相同之处，可以飞行至数千英里。”

在研究实验中，霍兰德带领研究小组在大褐蝙蝠身体上装配了微型无线电发

射器，然后从它们的栖息地向北12英里处释放，在蝙蝠返回栖息地的过程中，研究小组通过小型飞机在蝙蝠上空进行监控。一些未受人造磁场干扰的蝙蝠基于日落磁场识别能力向南飞行，很轻易地就找到了自己的老家。

然而在此之前，研究小组释放了两组蝙蝠，分别处于地球磁场北极顺时针90度和逆时针90度的人造磁场环境中。处于逆时针90度磁场飞行的蝙蝠一直向西飞行；另一组受顺时针90度磁场的干扰，却一直向东飞行，但这些差点迷失方向的蝙蝠通过日落作为方向标识器，最终意识到飞行方向错误，改变飞行方向顺利地返回栖息地。

目前，科学家们知道自然界的动物主要分为两种类型磁性感官定位：一种是简单的“指南针”感官功能，这是基于体内磁铁矿颗粒与外界环境发生的反应；另一种则是某些鸟类能根据处于地球磁场不同位置所“看到”的磁场光强度，来准确判断飞行方向。

蝙蝠小知识

蝙蝠趣闻

秋天的傍晚，我们常常看到空中飞翔着的蝙蝠。蝙蝠不属于鸟类，它却会飞，是唯一会飞的哺乳动物。

（1）和睦的大家庭

蝙蝠一般在秋季交配，大部分雌蝙蝠一年只生一个后代。年轻的母亲们在一起，共同照料所有的孩子。不论哪个孩子跌落，母亲们都迅速伸出翅膀去营救。父亲们要到几百里外去捕食。负责警卫的蝙蝠，在空中来回飞翔，保护着大家的安全。小蝙蝠在和睦的气氛中迅速成长，3周后就能飞了。

（2）在“吊床”里过冬

蝙蝠过冬的样子很有趣：双翼展开，紧紧裹住身体，倒吊在树上或崖石上，一动也不动，像睡在吊床里。这个时候，它们的心脏每分钟只跳25次，体温也降到最低程度。这是为了节省体内的能量，因为要一动不动地度过整整一冬呢。

（3）奇妙的住所，机智的猎手

大多数蝙蝠住在岩洞里，而且“邻居”很多。有位科学家在一个岩洞里，竟发现了4000万只蝙蝠。有的蝙蝠住在兽穴、鸟巢，甚至蜘蛛网上，还有的把“家”安在香蕉叶子上。小巧的竹蝠，一眨眼的工夫就钻进竹子里了，仔细看看它的入口，原来是甲虫打的洞。

蝙蝠爱吃虫子。很多昆虫为了逃脱袭击，会发出干扰蝙蝠听觉的声音。蝙蝠却能巧妙地对付这些“招术”。它隐蔽起来，静静聆听虫子的翅膀扑打声和叫声，或者用特殊的超声波信号排除干扰，然后，迅速而准确地将它们捉住。

（4）丑陋的面孔，人类的朋友

你注意过蝙蝠吗？蝙蝠一般都长得奇丑。然而，蝙蝠那怪模怪样的“脸谱”，是有特殊功能的。叶鼻蝠就是利用它鼻子周围的褶皱，发出超声波。原来，蝙蝠是个睁眼瞎，那发达的声纳系统，却起着眼睛的作用。

蝙蝠能给人类带来不少好处。它能够帮助植物传播花粉；蝙蝠粪含氮，是一些国家肥料的主要来源；蝙蝠能制成药，帮助人们治病；它那小巧而灵敏的声纳系统，早已引起仿生学家的浓厚兴趣。可是由于人们对蝙蝠的功用认识不够，它们的数量正在急剧下降，有些种类已遭灭绝。面对这种情况，我们又该怎么做呢？为了人类，我们要好好地保护蝙蝠。

蝙蝠的科学价值

蝙蝠善于在空中飞行，能作圆形转弯、急刹车和快速变换飞行速度等多种“特技飞行”。蝙蝠，隐藏在岩穴、树洞或屋檐的空隙里；黄昏和夜间，飞翔空中，捕食蚊、蝇、蛾等。

蝙蝠有用于飞翔的两翼，翼的结构和鸟翼不相同，是由联系在前肢、后肢和尾之间的皮膜构成的。前肢的第二、三、四、五指特别长，适于支持皮膜；第一指很小，长在皮膜外，指端有钩爪。后肢短小，足伸出皮膜外，有五趾，趾端有钩爪。休息时，常用足爪把身体倒挂在洞穴里或屋檐下。在树上或地上爬行时，依靠第一指和足抓住粗糙物体前进。蝙蝠的骨很轻，胸骨上也有与鸟的龙骨突相似的突起，上面长着牵动两翼活动的肌肉。

蝙蝠的口很宽阔，口内有细小而尖锐的牙齿，适于捕食飞虫。它的视力很弱，但是听觉和触觉却很灵敏。

雷达是一种神奇的电学器具，它由电磁波往返时间，测得阻波物的距离。假如你问雷达是谁发明的？在芬克的雷达机械中说，“雷

达的发明，不能专归于某一位科学家，乃是许多无线电学工程师努力研究，加以调准而成。”在战时，美国麻省理工学院由500位科学家和工程师致力于雷达的研究。在1947年1月的英国奋勉杂志上，科学家B. Vesey-Fitzgerald发表了一篇很有趣的文章，解释了蝙蝠在黑暗中如何指导自己飞行，不论如何黑暗，如何狭窄的地方，绝不碰壁，这是什么原因？它怎样知道前面有无障碍呢？关于这事有两位美国生物学家格利芬和迦朗包在1940年已经证明，蝙蝠能够避免碰撞，是藉一种天然雷达，不过是声波代替电磁波，在原理方面完全相仿。从蝙蝠口中发出一种频率极高的声波，超过人类听觉范围以外，两位科学家藉着一种特制的电力设备，在蝙蝠飞行时，将它所发的高频率声波记录出来。这种声波碰到墙上，必然折回，它的耳膜就能分辨障碍物的距离远近，而向适宜方向飞去。蝙蝠传输声波也像雷达一样，都是相距极短的时间而且极有规则，并且每只蝙蝠，有其固有的频率，这样蝙蝠可

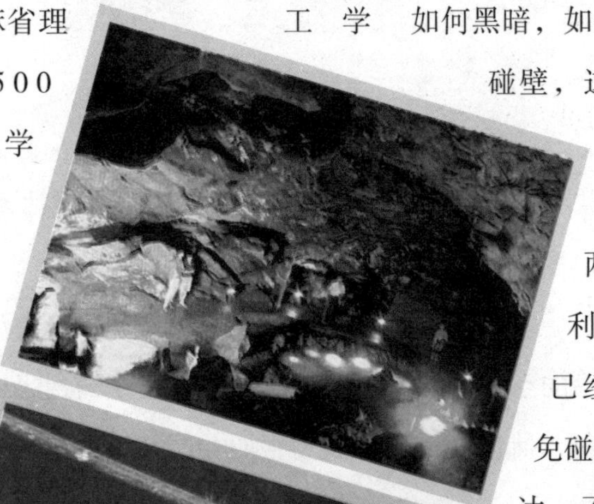

分清自己的声音，不至发生扰乱。因这缘故，蝙蝠飞行之时，常是张口，假如你将它口紧闭，它便失去指挥作用，假如堵上它的耳朵，便要撞到墙上，无法飞行。

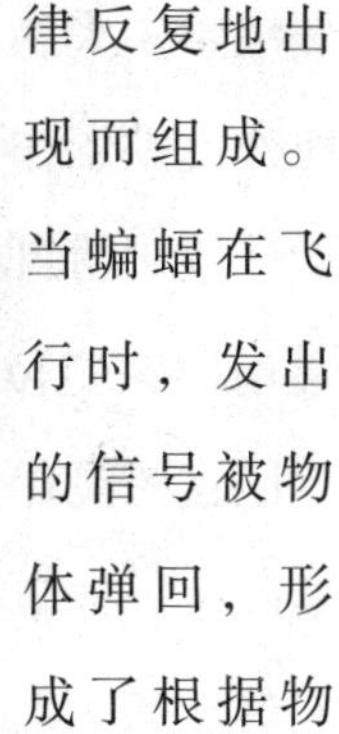

实验证明，蝙蝠主要靠听觉来发现昆虫。蝙蝠在飞行的时候，喉内能够产生超声波，超声波通过口腔发射出来。当超声波遇到昆虫或障碍物而反射回来时，蝙蝠能够用耳朵接受，并能判断探测目标是昆虫还是障碍物，以及距离它有多远。人们通常把蝙蝠的这种探测目标的方式，叫做“回声定位”。蝙蝠在寻食、定向和飞行时发出的信号是由类似语言音素的超声波音素组成。蝙蝠必须在收到回声并分析出这种回声的振幅、频率、信号间隔等的声音特征后，才能决定下一步采取什么行动。

靠回声测距和定位的蝙蝠只发出一个简单的声音信号，这种信号通常是由一个或二个音素按一定规律反复地出现而组成。当蝙蝠在飞行时，发出的信号被物体弹回，形成了根据物体性质不同而有不同声音特征的回声。然后蝙蝠在分析回声的频率、音调和声音间隔等声音特征后，决定物体的性质和位置。

蝙蝠大脑的不同部分能截获回

声信号的不同成分。蝙蝠大脑中某些神经元对回声频率敏感，而另一些则对二个连续声音之间的时间间隔敏感。大脑各部分的共同协作使蝙蝠作出对反射物体性状的判断。蝙蝠用回声定位来捕捉昆虫的灵活性和准确性，是非常惊人的。有人统计，蝙蝠在几秒钟内就能捕捉到一只昆虫，一分钟可以捕捉十几只昆虫。同时，蝙蝠还有惊人的抗干扰能力，能从杂乱无章的充满噪声的回声中检测出某一特殊的声音，然后很快地分析和辨别这种声音，以区别反射音波的物体是昆虫还是石块，或者更精确地决定是可食昆虫，还是不可食昆虫。

当2万只蝙蝠生活在同一个洞穴里时，也不会因为空间的超声波太多而互相干扰。蝙蝠回声定位的精确性和抗干扰能力，对于人们研究提高雷达的灵敏度和抗干扰能力，有重要的参考价值。

蝙蝠的药用价值

◇ 蝙蝠的粪便治疗眼病

蝙蝠可用作一种中药，用于久咳、疟疾、淋病、目翳等。它的粪便也是一种中药，叫夜明砂，用于目疾。

《抱朴子》说："千岁蝙蝠，色如白雪，集则倒悬，脑重故也。此物得而阴干末服之，令人寿万岁"，《吴氏本草》也说：蝙蝠"立夏后阴干，治目冥，令人夜视有光"，《水经》更说：蝙蝠"得而服之使人神仙"。

在河南省西峡县双龙镇罐沟村黄家沟的山坡上，人们发现了一个溶洞。洞内有具有药用价值的百年蝙蝠粪——"夜明砂"。洞深600多米，宽处15米，窄处40厘米。洞内三五成群的蝙蝠悬挂在石壁上，它们排下的粪便已堆积近两米多厚，颜色像深褐色的泥土。据介绍，蝙蝠粪具有清热明目去火之功能，其年久堆积药用价值更高。据有关专家测算，这些被医学上称之为"夜明砂"的蝙蝠粪，至少有百年以上的时间，重量约有80多吨，时间之久、数量之多实属全国罕见。

在《本草纲目》中这样记载：蝙蝠性能泻人，观治金疮方，皆致下利，其毒可知。

◇ 蝙蝠唾液治疗中风病人

传说中，蝙蝠很可怕，特别是吸血蝙蝠。然而科学家们又发现，吸血蝙蝠的唾液对中风却有很好的治疗效果。

中风一般是指缺血性中风，它的主要起因是动脉粥样硬化形成的血块，让血管变窄，甚至被血栓阻塞，导致脑组织无法获得充分的氧气供给，造成脑细胞缺氧性死亡，从而影响到死亡脑细胞所控制部分功能，造成诸如偏瘫等症状。

而事实上，有许多依靠吸血为生的生物比如水蛭、虱子、吸血蝙蝠等，就有一种本领能让从生物创口流出的鲜血源源不断不会凝固，又不会造成体内大出血现象发生，从而确保吸血者和被吸血者之间存在良好的共存关系。

这些吸血生物的这种天赋源于它们的口中能分泌一种既能破坏凝血细胞支架的血纤维蛋白质，又能产生生物细胞的酶，这种酶的效果比起目前最好的凝血剂更为有效。德国亚琛的一家生物制药公司就根据这种特性研制出了新型中风药物，并在专门的医科杂志《中风》中刊登了他们的研究成果。根据这种药物的白鼠试验表明，被分别注射了这种新药和原来的药物相比，前者不仅能够很好溶解血栓，而且也不会对脑细胞造成损害。同时使用了这种新药能够将中风发作后的有效用药时间延长到9个小时，增加了中风患者存活并安全度过危险期的可能。

蝙蝠小故事

红蝙蝠的故事（一）

印度塔尔沙漠西部有个古老的小镇，小镇的东端矗立着一座令人毛骨悚然的“死亡之堡”。

其实，这座曾结束了数百人畜生命的死亡之堡并无什么特别之处：四壁用宽大的砖石砌成，堡顶用粗大的圆木拼封，地面铺着整齐的长条状石块，东西两壁各开一扇窗子。古堡的全部秘密，在于它几乎能将所有深夜置身于其间的人畜置于死地，而且尸体上不见任何痕迹。没有一个在古堡呆上一宿的人畜不是被抬着出来的。对此，政府唯一能做的事就是在古堡大门口贴上一张告示：过往人畜切忌在此留宿！

不过，唯一的相关目击者却活着。

一对分属于两个对立家族的青年倾心相爱了，这理所当然遭到所有人的谴责和反对。忠于爱情的年轻人铤而走险选择古堡幽会。月光静静地

从窗口铺进古堡，小伙子靠在古堡的角落里甜蜜地等待着心上人到来。然而，厄运先她而至。姑娘在踏进古堡的一瞬间，亲眼目睹了月光下发生的一幕。第二天人们收拾小伙子冰凉的尸体时，姑娘双目呆滞，语无伦次——她精神失常了。死神以另一种形式封住了唯一的目击者的嘴巴。

再次惊动印度政府而动用警力破解古堡之谜的是一名贵族小伙子。

一位从一个自信的大家族中走出来的贵族小伙子，在同朋友云游四方时来到小镇。接受过高等教育的小伙子只信自己大脑里的科学，不信古堡的神秘传说。在小镇唯一的小酒店里，当着善良的酒店主人苏赫大叔，小伙子和他的朋友不听人们的劝说，用各自的良种马打赌，要到“死亡之堡”里呆上一宿。

苏赫大叔没收小伙子的晚餐钱。大叔总是这样，他给每一位古堡探险者提供一顿丰盛的晚餐，并说：“你明天早上来付钱。”自然这些全都成了最后的晚餐，苏赫大叔从未得到过第二天付的饭钱。

贵族小伙子跨进古堡之前，把大门口那张“过往人畜切忌在此留宿”的告示轻蔑地撕下来扔在地上，踏上一脚。

小伙子只是撕下了有关死神的告示，可死神却永远撕去了小伙子骄傲的生命。第二天，英俊的贵族小伙子成了僵尸，被当地人用那具抬过无数尸体的木板抬进了小镇破旧的停尸房。于是，警察带着法医来了。法医使尽浑身解数翻来覆去检查尸体，可怎么也凑不出个说法。警察将古堡掘地三尺，但最终一无所获。当晚，3名身手敏捷、枪法奇准的警察被安排守在“死亡之堡”里执行人与魔的直面较量。那个显赫的家族悲愤而固执地要警察局给他们一个说法。第三天，印度塔尔地区警察局失去了3名忠于职守的好警察。他们未能解开古堡之谜，连自己也整个地汇入了这一个秘密。

连警察都逃不过死亡的厄运！小镇上的人们再次感受到死神黑色的翅膀在头顶上盘旋，人们确信古堡通向地狱。政府除了重新张贴“不得留宿”的告示处还发布了一项悬赏令:“凡能侦破古堡疑案捕获元凶者，奖赏1万卢比！”

1923年秋天，著名的英国探险家乔治·威尔斯率领他那支所向无敌的探险队向“死亡之堡”远征而来。探险队人饥马乏，粮食已颗粒无剩，金银货币也行将耗尽。乔治写了一封信准备寄给远在英国剑桥大学的好友，告诉他自己急需填饱肚子，急需一笔经费。

在苏赫大叔的酒店里，乔治一口气把悬赏1万卢比的政府布告一字不漏地读了12遍。作为探险家，乔治当然不会贸然行事以致白白送死。他相信科学，他就是凭着科学和智慧去同大自然的秘密较量而多有得手的。

乔治和他的探险队对古堡做了细致入微的勘查和精心周到的准备，把古堡四周50米范围以内的细沙抹平，以便记录可能留下的痕迹；把窗子下的沙地翻松，确保紧急关头队员们越窗而下时足够安全；检查每个队员的枪支弹药，保证关键时刻不出机械故障；每人的位置都选在靠近门窗，但不从门窗里露出身体。乔治分析如果堡顶和墙壁足够牢固的话，门窗是杀手唯一的出入口，并依此计算好射击角度。乔治没忘记从镇上牵来一条狗，他明白狗比最敏锐的人还要敏锐。

按照惯例，苏赫大叔给乔治和他的探险队提供了一顿第二天付费的丰盛晚餐。苏赫大叔和镇上所有的人都坚信，古堡的秘密就要露底了，他们没有理由不寄希望于这支来自万里之外的异国探险队。小镇洋溢着一股少有的生机，人们重新猜测死亡之谜的谜底，掂量着1万卢比到底有多大一堆。

蝙蝠与人类的关系

蝙蝠与人类是密切相关的，他给人们以启发，才能发明雷达。不仅如此，蝙蝠与人类自身的健康等也关系密切，它们对人类既有益又有害，因此，要全面客观地对待蝙蝠。

◇ 蝙蝠是人类的好朋友

以前我们对蝙蝠的了解大多都是它对我们人类的危害，其实蝙蝠也有我们不为了解的一面。蝙蝠是自然界的“捕虫能手”和“播种机”。

蝙蝠是森林的“播种机”和保护神。墨西哥国立自治大学生态学研究所研究学者梅德林指出，根据墨美两国科学家近年来的研究结果表明，在世界上目前仅存有的940种蝙蝠，仅有极少数的属于嗜血蝙蝠。比如，在墨西哥境内生活的138种蝙蝠中，仅有3种是嗜血蝙蝠，其他的有24种是以果实为食，12种是以花蜜为食，5种以虫

鸟为食，92种以昆虫为食。虽然吸血蝙蝠常常危及牲畜和人类，吸血传播疾病。但是，绝大多数蝙蝠是有益而无害的。比如，在热带雨林地区，每到夜晚降临后，食果蝙蝠就开始播撒植物种子，一夜之间可在一平方米的土地上撒下 2 至 8 颗种子，食蜜蝙蝠也开始传授花粉，这些都很大程度地加速生态植被的恢复进程。与此同时，食虫蝙蝠还是消灭林区害虫的能手，他们每晚可以吃掉10只左右蚊子之类的害虫，大大减少林区病虫害现象的发生。还有一只食果蝙蝠，一夜可撒下2～8颗种子。经蝙蝠吃进肚子后排泄出来的林木种子，可以实现100%的发芽率，是自然发芽率的4倍。食虫蝙蝠，可在一夜之内消灭3500只森林害虫。

人类最好的动物朋友是什么？恐怕绝大多数人都会说：是狗。但是，美国一些研究夜间活动动物的专家却断言，人类最好的动物朋友并不是狗而是蝙蝠。

美国德克萨斯州的蝙蝠专家戴维·施米德里博士说："狗可以说是人类最好的陪伴动物，而蝙蝠则是人类最好的生态之友。"他说，蝙蝠可以给植物传授花粉，传播种子，特别是吞食无数的昆虫（仅在德克萨斯州，蝙蝠每天吃掉的昆虫达22.5万千克）。可见，蝙蝠在保护地球生态系统方面有着重要的作用。

最新研究结果表明，虽然吸血蝙蝠常常危及牲畜和人类，但是，绝大多数蝙蝠是有益的，它们并不都是"吸血鬼"，其中大多数是热带森林的"保护神"，有助于恢复遭到人类破坏的生态系统平衡。

每个蝙蝠窝拥有可多达2000万只蝙蝠，可以说，每窝蝙蝠价值数百万美元，这是因为蝙蝠有效消灭害虫，大大减少破坏自然环境的杀虫剂的使用，减少土地和水的污染，同时通过消灭蚊子，减少人类疾病的传播途径。随着蝙蝠数量的减少，墨西哥、美国、委内瑞拉、哥斯达黎加、玻利维亚等美洲地区国家目前在控制吸血蝙蝠过度繁殖的同时，已经开始实施蝙蝠保护计划，对在校学生进行有关蝙蝠知识的教育，提高蝙蝠保护意识，特别是那些濒临灭

绝的蝙蝠的保护。

蝙蝠能起到平衡生态系统的作用，是人类的好朋友。

◇ 蝙蝠是人类的敌人

（1）为人类带来狂犬病病毒

蝙蝠狂犬病病毒是指吸血蝙蝠携带的狂犬病病毒。

据英国《泰晤士报》报道，在委内瑞拉偏远地区的原住民部落，频传吸血蝙蝠咬人致死案，一年多来有38人被咬后死亡。人被咬后表现出狂犬病发作症状，专家认为这些蝙蝠带有狂犬病病毒。

美国疾病防治中心狂犬病项目主管查尔斯认为，委内瑞拉这些患者的临床症状与狂犬病相符。他说："预防最为重要，要将预防叮咬和接种疫苗结合起来。"专家推测，土著部落附近的采矿、木堰或者大坝工程，扰乱了当地吸血蝙蝠的宁静生活，它们被迫将部落居民当成新的猎物。

美国加州大学公共健康专家克拉拉说，她发现很多村民都养猫，以此吸引吸血蝙蝠的注意力，来保

护孩子。她到木库博尼亚村调查的第一天早晨，在床单上发现了血迹，同时手指有疼痛感，并发现两个红点。克拉拉说："我能确定，是蝙蝠咬了我。"

在这个有35 000名土著人口的原住民部落，从来没有经历过这样的事情，很多人认为这是一种怪病。吸血蝙蝠携带狂犬病致人死命的案例非常罕见，甚至在热带南美地区也从未听说过。吸血蝙蝠的唾液中含有一种被称为"draculin"的物质，能够预防猎物血液凝结。吸血蝙蝠适应能力很强，人类祖先"智人"就曾是它们的"美食"。

在人口大约80人的木库博尼亚村，因吸血蝙蝠就失去了8名居民，全部是儿童。尽管目前专家们还无法确认这些土著居民死亡的确切原因，但已经可以肯定，大多数人是死于某种吸血生物身上携带的狂犬病病毒。他们说，根据死者生前有发烧、身体疼痛、双脚刺痛、身体逐渐麻痹、极度怕水以及经常发生抽搐等症状，可以推测是狂犬病病毒。

从广西南宁、百色、柳州市采集了犬脑组织268份，从南宁市、博白县捕获320只，以及从南宁市郊捕获野鼠65只蝙蝠。应用RT-PCR技术对犬脑、蝙蝠和野鼠脑组织进行狂犬病病毒检测，并将阳性材料进行小白鼠脑内接种试验。检测结果表明，犬脑的狂犬病病毒阳性率为1.12%，蝙蝠阳性率为0.94%，野鼠阳性率为3.1%。这个

调查证明了广西除犬之外，野鼠和蝙蝠等野生动物也携带有狂犬病病毒。

（2）病原体的传染媒介

蝙蝠是大量人畜共患疾病病原体的“天然宝库”或传染媒介，比如狂犬病、严重急性呼吸道症侯群（SARS）、亨尼帕病毒（如尼帕病毒和亨德拉病毒）以及埃博拉病毒。

事实上，只有0.5%的蝙蝠体内携带狂犬病病毒，但在美国每年报告的少数几起狂犬病例中，大多数是被蝙蝠咬后引起的。虽然绝大多数蝙蝠不携带狂犬病病毒，但那些手脚不灵便、迷失方向或不能飞的蝙蝠其实更有可能与人群接触。

如果发现吸血蝙蝠出现在儿童、智障者、醉酒者、熟睡者或宠物的附近，此时他们或宠物应立即接受医学检查，以防感染狂犬病病毒。蝙蝠的牙齿小而尖，熟睡者即使被咬到，也丝毫感觉不到。有证据表明，体内携带狂犬病病毒的蝙蝠也许纯粹通过空中传播感染受害者，有时并不需要与受害者进行直接的身体接触。

如果在房间内发现蝙蝠踪影，同时不能排除我们暴露于蝙蝠的可能性，那么我们应将其隔离，同时给卫生官员打电话，以便对蝙蝠进行分析。如果发现蝙蝠已经死亡，我们同样可以采取上述措施。倘若确定无人暴露于蝙蝠，那么应迅速离开发现蝙蝠的房子。此时最好的办法是关闭门窗，只留一扇，不久蝙蝠即会离开。鉴于蝙蝠体内携带狂犬病病毒的风险，以及与其排泄物相关的健康问题，我们应将蝙蝠从住人的房间内赶出去。

然而，在英国等一些国家，未获相关机构允许擅自处理蝙蝠是违法之举。而在狂犬病并不是地方病的国家和地区，如西欧大部分国家，体型较小的蝙蝠被认为对人没有伤害。只有被体型庞大的蝙蝠咬上一口，人们才会紧张起来。这些国家倡导像对待其他野生动物一样，也要善待蝙蝠。

(3) 吸血蝙蝠袭击人类事件

第一，吸血蝙蝠肆虐巴拿马

在巴拿马，全国150万头牛有5%遭到了吸血蝙蝠的攻击。

不少活下来的牛都患了严重的贫血，它们个个皮包骨头，很快便会因免疫力被破坏而死。这无疑给当地牧场主带来了巨大的经济损失，他们发誓要将这些“魔鬼”消灭。然而与此同时，世界各地的科学家正在疾呼：“救救这些可怜的哺乳类动物，因为它们正是解开诸如艾滋、癌症等医学难题的关键。”

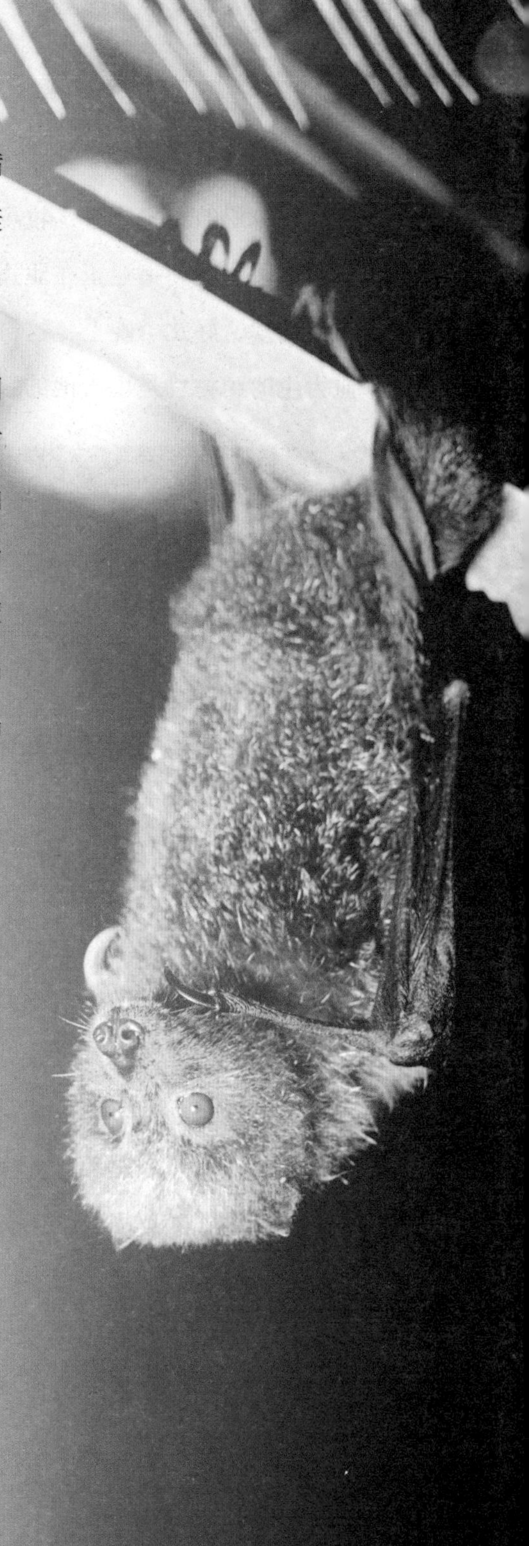

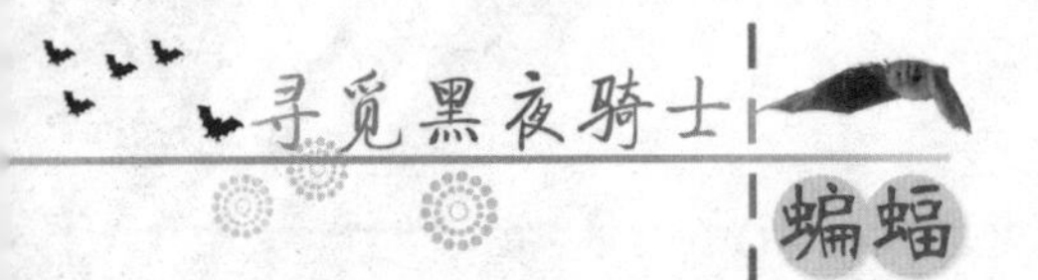

①暗夜的厮杀

巴拿马Tonosi地区，牧场主弗朗西斯科·奥利韦亚正在驱逐一群吸血蝙蝠，好几个晚上，这群以吸血为生的动物总是攻击他的牧场，

它们一边吸食动物身上的血液，一边发出啧啧的让人毛骨悚然的声音。奥利韦亚特意用了一个捕蝙蝠的装置，看上去就像一个巨大的布满羽毛的网。这一次，奥利韦亚又逮到了十几只吸血蝙蝠。他耐心地将它们一一装入笼子里。通常在将这些蝙蝠放生前，奥利韦亚总要在它们的背部涂上一种毒药，按照他的说法，这些蝙蝠一旦回到它们的栖息点，背上的毒素会一点点扩散，可以致20只吸血蝙蝠同时丧命。大多数家畜的身体上都留下了蝙蝠的牙印，同时还有斑斑点点的血迹，奥利韦亚发誓他一定要尽所能地不留下一只吸血蝙蝠。

连续几个月，由于连续受到吸血蝙蝠的攻击，奥利韦亚一共损失了10头小牛仔。他和其他的农场主不停地抱怨政府给他们的专门捕捉网数量太有限，而政府则担心农场主拿这些工具捕捉那些濒临灭绝的鸟类才严格控制了捕捉网的数量。在巴拿马用网逮吸血蝙蝠以及在它背上涂毒药都是合法的，然而在日本，政府规定在捕捉现场，兽医必须出现在现场，这样他可以区分出哪些不是吸血的蝙蝠。但在整个Tonosi山谷地区，仅有三所兽医诊所。

②有人欢喜有人愁

在离Tonosi地区100英里的巴拿马运河中部地区的一所研究室里，科学家斯蒂芬·克鲁斯可不这么认为。克鲁斯对这种学名为Desmodusrotundus，通俗叫法为吸血蝙蝠的生物似乎情有独钟，他不愿消灭它们，而且还将它们描述成对人们有益的生物。克鲁斯解释说这种吸血蝙蝠不仅可用于人类在声纳学方面的研究，而且它们的唾液可制成抗凝血剂以预防突发性心脏病，同时他还表示人类才刚刚对这种神奇的生物有所认识。

克鲁斯是一名来自德国的年轻动物学家，正在巴罗克勒纳多岛的热带研究中心致力于研究这项工作，这是由史密斯森研究中心赞助的。“我认为在整个生态系统中，吸血蝙蝠应该占有举足轻重的地位，”克鲁斯说：“人们对吸血蝙蝠的偏见，恰恰反映了人类对可能成为其它物种食物的一种原始恐惧。”

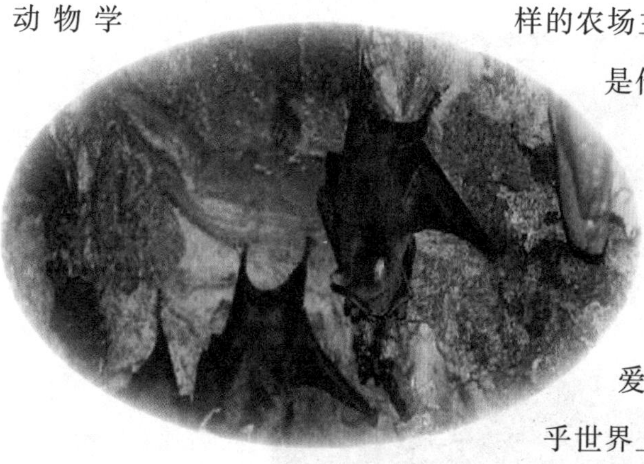

另一方面，对于像奥利韦亚这样的农场主来说，吸血蝙蝠无疑是他们的灾难，而对于科学家而言，它又成了医学研究方面的突破口。很少有动物能像吸血蝙蝠那样让人们爱恨交加。在巴拿马，几乎世界上所有的蝙蝠在这里都

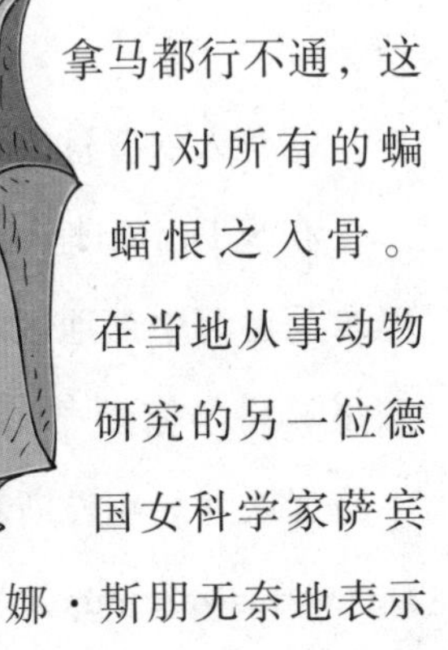

可以找到。巴拿马典型的热带雨林气候以及茂盛的植被让蝙蝠大量地繁衍下去，这里从来不会缺少食物。天然的绿色屏障以及没有四季的变化，使这里成了典型的生态繁殖场，克鲁斯表示蝙蝠在这里“可以得到最大限度的运用。”而另一位在动物科技应用领域工作的克鲁斯的同事托德·开普森则认为：“由于蝙蝠可以在深夜区分出躲藏在茂密丛林的微小生物，因而有助于开发雷达系统。”

然而，蝙蝠对人类的种种益处似乎在巴拿马都行不通，这里的人们对所有的蝙蝠恨之入骨。在当地从事动物研究的另一位德国女科学家萨宾娜·斯朋无奈地表示在这里他们用尽了一切方法，试图让人们理解蝙蝠并不是他们所认为的恐怖生物。通过它们，人们可以有效地控制害虫，也可以掌握种子和花粉的传播方式，然而所有的努力都不见效。她说：“我得到的唯一回应就是最好蝙蝠能够斩尽杀绝。”

第二，吸血蝙蝠大闹委内瑞拉

2008年8月12日英国《泰晤士报》报道，委内瑞拉偏远地区原住民部落近来频传吸血蝙蝠咬人致死案，一年多来有38人被咬后死亡，包括一

些儿童。专家怀疑这些蝙蝠带有狂犬病病毒，才会咬人后置人于死地。

①吸血蝙蝠狂闹土著部落

2007年，吸血蝙蝠造成38人死亡，在人口大约80人的木库博尼亚村，失去了8名居民，而且都是儿童。专家们可以肯定大多数人死于某种吸血生物身上携带的狂犬病病毒。

他们推测，部落附近的采矿、木堰或者大坝工程，扰乱了当地吸血蝙蝠往日的宁静生活，它们被迫将部落居民当成新的猎物。委内瑞拉吸血蝙蝠咬人致死案例偏高，吸引了全世界目光，包括来自美国加州大学伯克利分校的研究人员，人类学家查尔斯·布利格斯和公共健康专家克拉拉·曼蒂妮·布利格斯夫妇。

他们说，根据死者生前有发烧、身体疼痛、双脚刺痛、身体逐渐麻痹、极度怕水以及经常发生抽搐等症状，可以推测是狂犬病病毒。克拉拉·曼蒂妮说，她很惊讶地发现很多村民都养猫，以此吸引吸血蝙蝠的注意力，保护孩子。

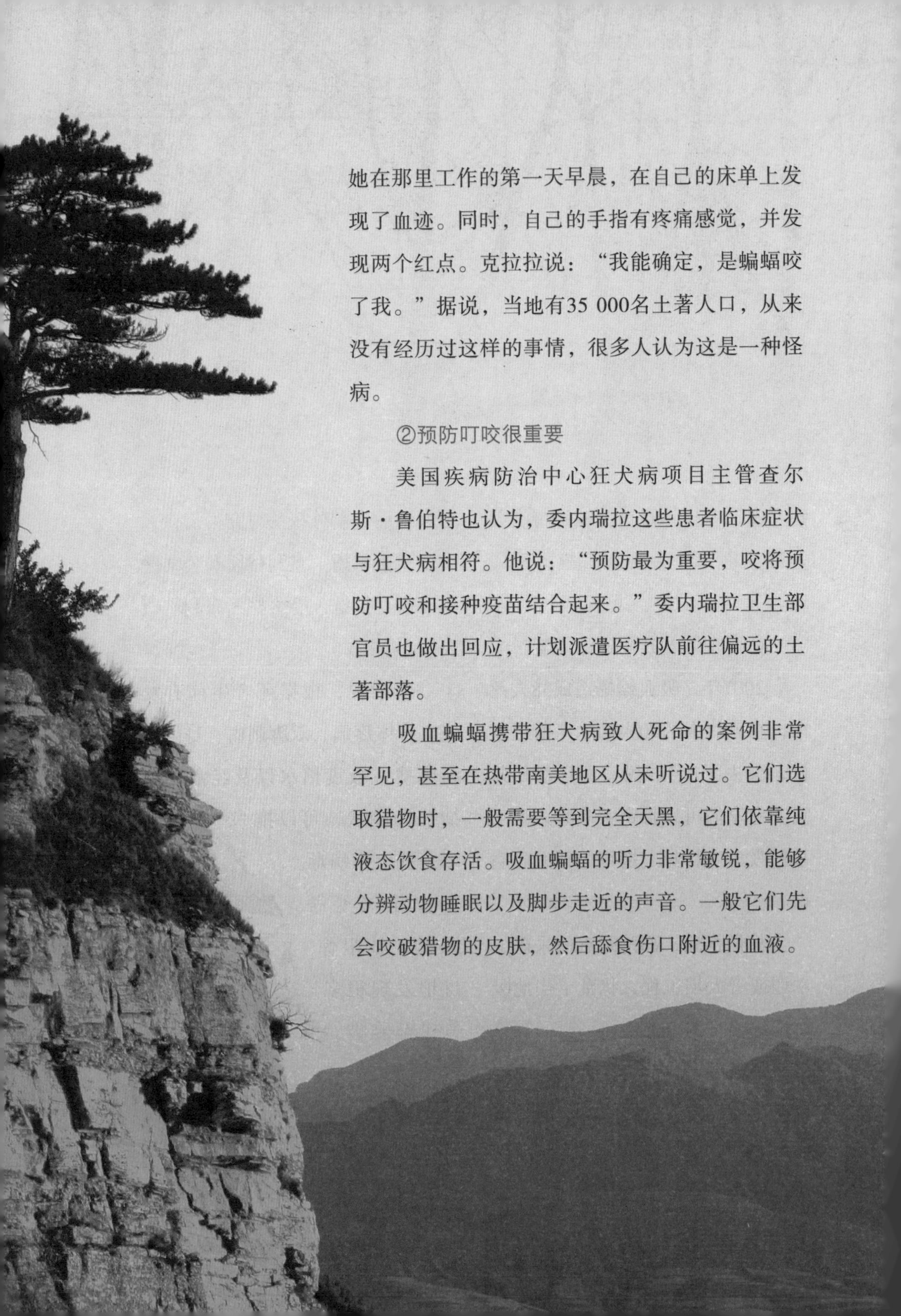

她在那里工作的第一天早晨，在自己的床单上发现了血迹。同时，自己的手指有疼痛感觉，并发现两个红点。克拉拉说：“我能确定，是蝙蝠咬了我。”据说，当地有35 000名土著人口，从来没有经历过这样的事情，很多人认为这是一种怪病。

②预防叮咬很重要

美国疾病防治中心狂犬病项目主管查尔斯·鲁伯特也认为，委内瑞拉这些患者临床症状与狂犬病相符。他说：“预防最为重要，咬将预防叮咬和接种疫苗结合起来。”委内瑞拉卫生部官员也做出回应，计划派遣医疗队前往偏远的土著部落。

吸血蝙蝠携带狂犬病致人死命的案例非常罕见，甚至在热带南美地区从未听说过。它们选取猎物时，一般需要等到完全天黑，它们依靠纯液态饮食存活。吸血蝙蝠的听力非常敏锐，能够分辨动物睡眠以及脚步走近的声音。一般它们先会咬破猎物的皮肤，然后舔食伤口附近的血液。

吸血蝙蝠的唾液中含有一种称为draculin的物质，能够预防猎物血液凝结。吸血蝙蝠适应能力很强，人类祖先——智人，就曾是它们的“猎物美食”。

第三，巴西吸血蝙蝠突袭人类

说起吸血蝙蝠，也许很多人会立刻想起电影电视里恐怖残忍的“吸血鬼”。2004年，巴西亚马逊河流域的一个岛屿发生吸血蝙蝠伤人事件，至少300人遭到袭击，而且由于这些吸血蝙蝠带有狂犬病毒，已造成19人感染狂犬病，其中13人死亡。

幸好被吸血蝙蝠咬伤的大部分人都注射过狂犬病疫苗，所以没有发病。巴西卫生部门立即抓紧为当地居民和家畜接种疫苗，防止狂犬病扩散。

有关专家介绍说，吸血蝙蝠的身体通常非常小，只有几厘米，样子看起来十分丑恶。它们不吃昆虫或果实，专爱吃哺乳动物和鸟类的血。通常的食物是家畜的新鲜血液，有时也吸人血。

巴西媒体援引当地政府发言人的话说，科学家们经过分析后认为，波特尔岛最近之所以出现如此频繁的吸血蝙蝠袭人事件，很可能是因为当地过度采伐森林，从而导致吸血蝙蝠栖息地减少，许多蝙蝠在被迫迁徙过程中对人类进行了大规模攻击。

蝙蝠小故事

红蝙蝠的故事（二）

探险家在那封寄往剑桥大学的信中加上了印度塔尔沙漠“死亡之堡”的故事，并热情洋溢地告诉他的好友：乔治·威尔斯这一名字将取代“死亡之堡”而矗立在小镇人们的心里，随着明天太阳的升起他将得到1万卢比的奖赏！他把信封好交给邮差。

夜幕降临，镇上的人们退出“死亡之堡”，缩回各自家里，谛听着古堡方向的动静。夜半，古堡传来一声凄惨而短促的狗叫，苏赫大叔的小女儿用被子捂住自己吓得苍白的脸。

太阳重新升起来的时候，人们怀着兴奋和不安，推开了古堡那扇厚重的大门。探险家和他的伙伴们倚墙而坐，凝固着昨晚的姿态，乔治的手里松紧有度地握着手枪柄。这个充满着神奇的世界，永远失去了一位杰出的探险家和一支优秀的探险队。

数月之后，苏赫大叔的小酒店里来了一个乞丐模样的老头，他干瘪得酷似生物实验里那些风干了的标本。瘦老头骑一匹瘦马，驮一只铁箱，牵一只瘦猴。人们逗他取乐，踢那硕大的铁皮箱，箱子里除了一张网就再也没什么了。瘦老头自称是来揭开古堡之谜的。

人们鄙夷地打量着他。苏赫大叔明白，又一个付不起饭钱的人想借此混顿饱饭，事实上他们连把古堡多看两眼的勇气都还没攒够——这是常有的事。但仁慈的苏赫大叔还是让瘦老头饱餐了一顿。

吃完饭，瘦老头认真地表示第二天太阳升起来的时候他会用政

府的赏金来付饭钱的。人们被逗得有几分乐了。瘦老头一本正经地说:“你们应该相信我，真的，应该相信我！”

瘦老头请人帮他把铁箱搬进古堡，表示第二天用赏金加倍付钱。可谁也不忍把一个可怜的乞丐推进“死亡之堡”，老头只好自己动手用那匹瘦马驮铁箱。苏赫大叔相信可怜的瘦老头肯定是想那1万卢比想疯了。

第二天，太阳升起的时候，几个年轻人抬着那副抬过无数尸体的木板向古堡挪去，准备把瘦老头的尸体抬到停尸房里。

这时，一个瘦小干瘪的身影幽灵般出现在古堡的窗口。年轻人吓得拔腿想跑，但挪不开脚步。幽灵发出一声长啸:“哎——小伙子们，别怕，是我！”

人们惊呆了，他们从来没有这样吃惊过，幽灵是那个干尸般的瘦老头，他还活着。

瘦老头把一个个鸟状的东西从窗口投下。

那是一只只死了的红蝙蝠。

原来，在古堡顶上的圆木层上生活着一群昼伏夜出的吸血红蝙蝠，这些吸血红蝙蝠长着一根极细极硬的长针，它们能在人畜来不及反应的一刹那将长针刺进人畜的大脑并分泌出一种麻醉汁，致人畜昏迷。本来这种红蝙蝠像世界各地的吸血红蝙蝠一样靠吸食动物血液维持生命的，但生活在塔尔古堡的它们竟发生了变异，干起了吸食人畜脑髓的罪恶勾当。它们把无数人畜制成

了干尸，但它们最终未能逃脱瘦老头为它们布下的网。

瘦老头在古堡里布好那张大网，把猴子拴在网下，自己则躲进铁箱子里，通过铁箱上的小孔观察外面的情况并控制操作绳。夜半，故伎重演的红蝙蝠成群从圆木缝里钻出时惊醒了敏锐的猴子，接着猴子惊动了瘦老头。当红蝙蝠扑向猴子时，瘦老头扯动操作绳，作恶多端的红蝙蝠被一网打尽。

这个乞丐般的瘦老头是谁呢？还记得探险家遇难前寄出的那封信吗？瘦老头就是那位收信人，探险家乔治生前的好友、英国剑桥大学著名的生物学家。他从事红蝙蝠研究长达20多年，我们现在知道的有关红蝙蝠的知识大都署着他的名字。

他的名字叫汤恩·维尔。

第四章 天南海北话蝙蝠

蝙蝠

蝙蝠我们都见过，而且也不陌生。蝙蝠遍布全世界，但是在东西方文化中的形象却大不相同，有褒有贬。西方重形，西方人把蝙蝠看做是吸血鬼，是黑暗和罪恶的象征。东方取意，从蝙蝠纹的造型语言上我们可以感受到中国古人的意象情感和审美取向。蝙蝠，取偕音“变富”。人们还把蝙蝠设计爬在一个圆圆的铜钱上，称之为“福在眼前”，圆圆的铜钱也是圆圆满满的意思，寓意招财进宝。

不仅是铜钱上，在中国民间，很多东西都与蝙蝠有联系。在民俗钟馗赛会上，扮演钟馗的舞者手持宝剑，前举一纸糊蝙蝠，穿街而行，以做驱祟。这说明道家也将蝙蝠视作驱煞避邪的“符”的象征。我国民间中的一些文物建筑上，常有用木雕、石雕等手法，雕刻蝙蝠。同时电视剧电影中蝙蝠的形象相信大家也印象深刻，如神探狄仁杰中的红蝙蝠。而破了不少票房记录的蝙蝠侠也许更让你不能忘怀。小朋友对蝙蝠更是不会陌生，左右逢源，得逞一时的蝙蝠在小朋友们心里一定会遭到深深的唾弃。童话书中的蝙蝠则是另一个样子，大家是不是想要去了解一下呢？本章将从各个方面为大家介绍蝙蝠，希望可以帮助人们更多的了解蝙蝠。

东西方文化中的蝙蝠形象

◇ 中国传统文化中的蝙蝠

"蝙蝠，服翼也，从虫，畐声"。蝙蝠属翼手目，哺乳类中唯一真正能飞的动物。其形象奇特、怪异，在西方常被视作邪恶的化身，但在中国蝙蝠却是一种瑞兽，因"蝠"与"福"谐音，以"蝠"表示福气，口彩吉祥，所以在中国传统装饰纹样中，蝙蝠纹从古至今，美意之多，运用之广泛，历经朝代变迁而久盛不衰。由此，东西方文化之差异，可见一斑。西方重形，东方取意，意在形外，形意相互渗透，形成了中华民族特有的艺术思维方式，从蝙蝠纹的造型语言上我们可以感受到中国古人的意象情感和审美取向。

（1）蝙蝠纹的形与意

尽管在自然生态中蝙蝠无论从其形状还是颜色并不美甚至丑，但在中国传统吉祥文化中蝙蝠却被演绎成极具民族个性的美妙纹饰，下面我们就从蝙蝠纹的个体造型方式以及与其他纹样组合的构图形式两方面入手探讨蝙蝠纹的形。

①蝙蝠纹的形

蝙蝠纹的造型方式，先人们早在《周易》中就有所概括。《周易》作为中国思想史的重要源头之一，其“观物取象”的思想对后世的哲学、美学的发展，其影响之深远毋庸置疑。《周易·系辞》中有一段经典名言曰：“古者包牺氏之王天下也，仰则观象于天，俯则观法于地，观鸟兽之文，与地之宜，近取诸身，远取诸物，于是始作八卦，以通神明之德，以类万物之情”。“物”是自然、社会中客观存在的具体事物，“象”是对这些事物的模拟和概括。物为象之本，象乃物之形，要在物中取象必须仰观于天，俯视于地，如此方能应物象形，即通过仔细观察对事物的深层蕴意作抽象概括及符号化的表现。但简单的概括并不就是艺术，艺术之为艺术，关键在于能否将主观情感融入到一定的物质形态当中，使其艺术化。从自然之象到意念之象，进而成为艺术之象，这是艺术创造者凭借对客观事物的观摩有感而发，进行艺术表现的升华与飞跃。就中国的传统艺术而言，蝙蝠纹就是其物象化的艺术形态之一，是古人“观物取象”思想的集中体现。蝙蝠纹，类如意纹，两者相通或相演变。其头部被概括为类三角形，前角为

嘴，旁角为耳，翅膀占身形的三分之二，主翼之上粘附一对附翼，翅膀、躯干、尾部多以波浪纹、折线加以装饰，整体造型以流动的回转曲线作为纹样的基本构成要素，运用丰富的想象和大胆的变形、夸张、概括的艺术表现手法，把原本不美的形象变得翅卷祥云、潇洒飘逸。由此可见，中国人对艺术的表现从来就不拘于写实，而注重写意，这与西方古典写实风格是完全不同的，这也是国度和文化差异之必然。

蝙蝠纹的构图形式多与其它纹饰组合取意，形成吉祥图案。吉祥图案是先人们在漫长的岁月中，巧妙运用文字、人物、动物、植物、自然现象，以及神话传说、民间故事为题材，通过谐音、象征、比拟、双关、借喻等手法，创造出的图形与吉祥寓意完美结合的艺术形式。如：“福禄寿”（将蝙蝠和梅花鹿、寿桃、仙瓮、童子为伍，其主要题材均直接取自自然和日常生活中常见的人物、动物、植物、器物等）。这些具象的事物，通过“观物取象”得到艺术的升华，造型上不受具体形象的制约，往往服从美学上的形式需要，打破常势达到抽象概括的艺术表现。“五福捧寿”（在五只蝙蝠中间刻一寿字或雕一寿桃），其图案以一中心线为轴（或中心点），在其左右、上下或四周配置同形、同色、同量或不同形（色）但量相同或相近的纹样，产生有序、平衡的视觉美感（类似平面构成中的“发射”法则）。“五福和合”（以和合二仙与五只蝙蝠、荷花、圆盒为伍）等。其图案形式繁复但绝不是简单的罗列，单纯的重复，它更加讲究在纷繁中有节奏，对比中相和谐，以求“乱中有序”“平中出奇”。由此可见，蝙蝠纹吉祥图案的组合构图形式大都以对称、均衡为主体格局，讲究主次、大小、虚实、疏密、韵律、节奏的关系，做到变化中有统一，统一中有变化，增强了图案的层次效果和人文内涵。

②蝙蝠纹的意

中国传统吉祥图案大多取谐音之意，因为汉语系有一个突出的特点就是一个读音往往可以对应多个不同的字，可以表达多个含义。这一特点为谐音的运用提供了广阔的想象空间。如“鹿”与“禄”“冠”与“官”“钱”与“全”等，由此可见，对谐音的巧妙运用是吉祥图案的主要表现手段，是先人非逻辑性的主观意识下的产物，是一种对美好事物的追求和心理暗示。蝙蝠，以“蝠”通

“福”，意为福气，是中国“福”文化的典型寓意代表，表达了人们对幸福生活的热切渴望和美好追求。

中国传统吉祥图案的谐音化创作作品，传入东亚圈周边国家以后就真正成为了吉祥的符号，被其他国度的人民以符号化的形式加以应用，而很少知道其谐音创作的初衷。如日本一些由中国传入的吉祥图案，追溯起来已经有上千年的历史了，这些图案也已成为了日本民族文化的一个部分。但据考发现日本人只清楚这些图案代表的意义是“好”“幸运的”，却并不了解图案的创作初衷。在日本也有蝙蝠和寿字构成的“五福捧寿”图，在汉语系中“蝠”与“福”谐音，寓意多福多寿，而进入日本语系后，其原有的语音对应不复存在了，于是蝙蝠在日本只剩下了一个单纯的形式，其背后的文化意蕴从一开始就缺失了，所以日本人只知其形式之美，而不知其意境之美。由此也可以看出，一个国家、一个民族的文化是不容被简单复制的。

“蝠”还可通“符”，（“符”即旧时道士用来驱鬼召神，治病延年的神秘文书）引申用来避邪、消灾之意。如民俗钟馗赛会，扮演钟馗的舞者手持宝剑，前举一纸糊蝙蝠，穿街而行，以做驱

祟。还有术士法物“九星钱”，上有一只蝙蝠下为一个圆钱，正为八卦图，反为洛书九星，专化太岁三煞。这说明道家也将蝙蝠视作驱煞避邪的“符”的象征。

“艺术所展现并打动人的，便正是人类在历史中所不断积累沉淀下来的这个情感的心理本体，它才是永恒的生命”。审美既是纯感性的，却积淀着理性的历史，艺术是时代的，却无法抹煞对文化的依附。中国传统吉祥图案蝙蝠纹，是先人们通过对蝙蝠的观照、体验和领悟，大胆运用了移情、夸张、概括的抽象艺术表现手法，加之运用汉语的谐音构图取意，将其变成美纹。透过其美的形式、福的意境，感受的是一种东方传统的象征艺术，反映的却是中华民族最淳朴的生命意识和文化追求，其发生至发展都受到了民族崇拜、民族文化心理及风俗习惯的影响。一个民族创造一种文化，一种文化反映一个民族，如何使我国悠久、独特的传统文化生生不息、焕发异彩，成为了当代人对中国传统民族文化应有的思考。

知识小百科

象征“福”的蝠

蝙蝠又称为蝠鼠，因它酷似老鼠。蝙蝠在中国人眼中属于瑞兽，这是因为蝙蝠的“蝠”与“福”同音。故在很多祝贺的图案里都有蝙蝠。

按我国吉祥寓意的习俗，蝠因为与福、富谐音，所以人们很早就喜爱把蝙蝠作为吉祥物用于装饰艺术中。

蝙蝠的造型在我国民族传统装饰艺术中，是值得骄傲的创造。中国人用自己丰富的想象和大胆的变形移情手法，把原来并不美的形象变得翅卷翔云、风度翩翩。蝠身和蝠翅都盘曲自如，十分逗人喜爱。

蝙蝠是哺乳动物，又名仙鼠、飞鼠。形状似鼠，前后肢有薄膜与身体相连，夜间飞翔，捕食蚊蚁等小昆虫。

（唐）元稹《长庆集》十五《景中秋》诗：“帘断萤火入，窗明蝙蝠飞。” 蝙蝠省称“蝠”，因“蝠”与“福”谐音，人们以蝠表示福气，福禄寿喜等祥瑞。民间绘画中画五只蝙蝠，曰《五福临门》。旧时丝绸锦缎常以蝙蝠图形为花纹。婚嫁、寿诞等喜庆妇女头上戴的绒花（如“五蝠捧寿”等）和

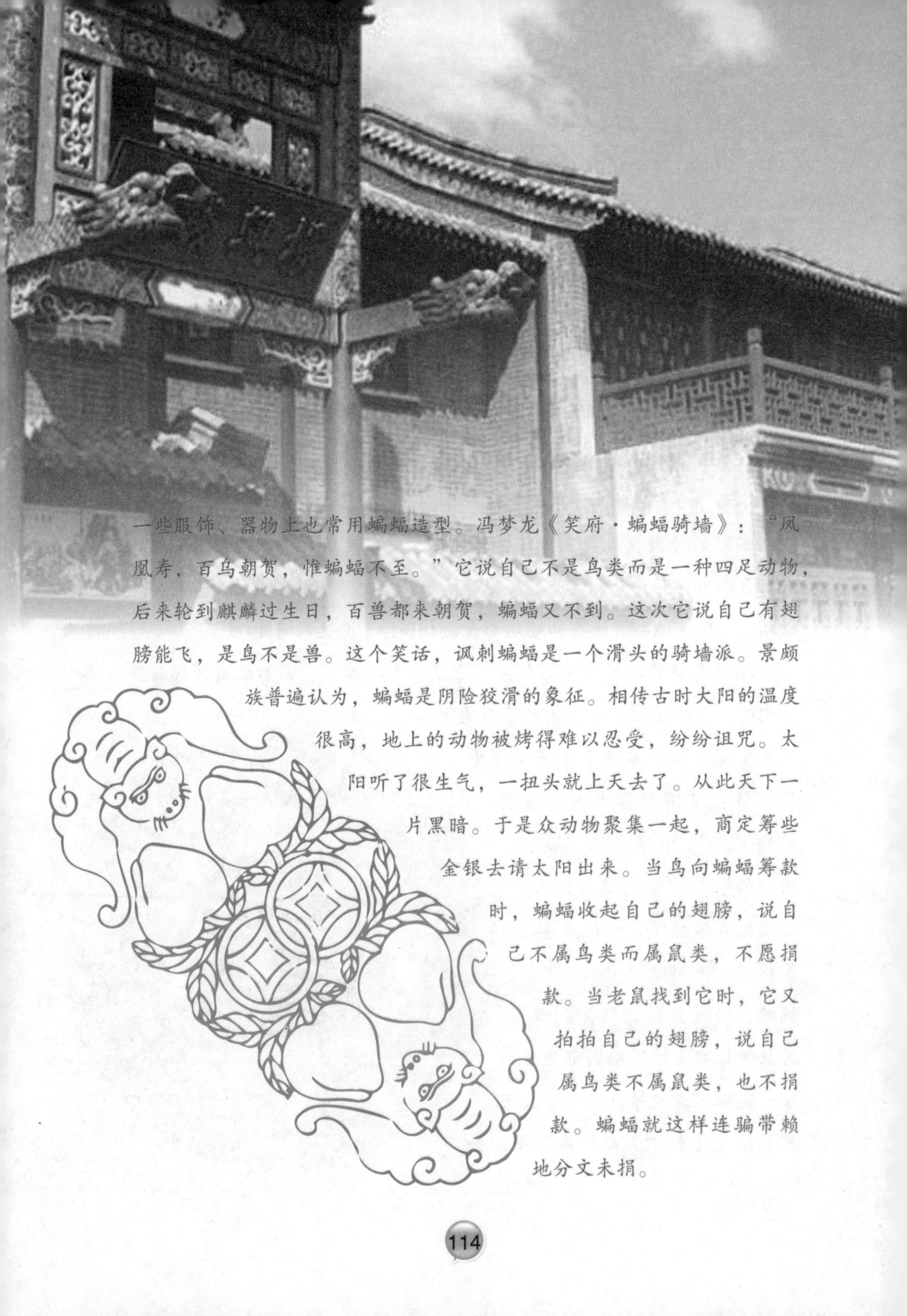

一些服饰、器物上也常用蝙蝠造型。冯梦龙《笑府·蝙蝠骑墙》：“凤凰寿，百鸟朝贺，惟蝙蝠不至。”它说自己不是鸟类而是一种四足动物，后来轮到麒麟过生日，百兽都来朝贺，蝙蝠又不到。这次它说自己有翅膀能飞，是鸟不是兽。这个笑话，讽刺蝙蝠是一个滑头的骑墙派。景颇族普遍认为，蝙蝠是阴险狡滑的象征。相传古时太阳的温度很高，地上的动物被烤得难以忍受，纷纷诅咒。太阳听了很生气，一扭头就上天去了。从此天下一片黑暗。于是众动物聚集一起，商定筹些金银去请太阳出来。当鸟向蝙蝠筹款时，蝙蝠收起自己的翅膀，说自己不属鸟类而属鼠类，不愿捐款。当老鼠找到它时，它又拍拍自己的翅膀，说自己属鸟类不属鼠类，也不捐款。蝙蝠就这样连骗带赖地分文未捐。

（2）蝙蝠图案

在中国人的心目中，蝙蝠就是“福”的象征。中国人都希望能大富大贵、福气满门、吉祥如意等，因此，蝙蝠也就成了中国传统图案中的很好选择。

①富缘善庆

图案构成：两只蝙蝠或两个手持蝙蝠的童子。

图案寓意：福，指洪福、福气、福运。《韩非子》载：“全寿富贵之谓福。”《千字文》中有“福缘善庆”一语，表示善良与吉利能引来福。用蝙蝠组的成图案，寓意有福、福运和幸福。

②福增贵子

图案构成：蝙蝠、桂花。

图案寓意：桂花的桂与“贵”同音，喻意“贵子”。旧时代，人们认为添子是“福”。生下男孩，邻里、亲朋都会来祝贺，“福增贵子”，便是此种用意的吉祥图。

③五福和合

图案构成：一个盒子里飞出五只蝙蝠，或者和合两仙嬉戏蝙蝠。

图案寓意：和仙、合仙，是指高僧寒山河拾得。寒山，一称寒山子，唐代僧人，相传他居丰县（今属浙江天台）寒岩，喜欢吟诗饮酒，与天台国清寺僧人拾得为好友。清朝雍正十一年，寒山、拾得被封为合圣与合圣，世人称“和合二仙”或“和合二圣”。“盒”与“合”“和”同音，喻“和合”。旧时民间嫁娶，喜挂和合像，取“和谐好合”之意，再加上蝙蝠，喻幸福之意，这样以图婚姻幸福美满。

④福寿双全

图案构成：蝙蝠衔住两个古钱、寿星、寿桃。

图案寓意：“钱”与“全”谐音，取“全”之意，两个古钱，喻“双全”。蝙蝠喻“福”，寿星、寿桃代表长寿，组成的图案叫“福寿双全”。

⑤五福捧寿

图案构成：五只蝙蝠围绕篆书寿字或桃。是由五只展翅飞翔的蝙蝠构成，四只蝙蝠头朝内、尾朝外组成一个圆圈，一只蝙蝠居于一个花体的“寿”字中间。这一图案，系何人原创，因流传日久，已无可稽考，仅从造型上说，可谓巧夺天工，极富装饰性。

图案寓意：《书经·洪范》云："五福：一曰寿，二曰富，三曰康宁，四曰攸好德，五曰考纹命。""寿"，《说文》解释为"久"，即生命长久。"康宁"，指生活无忧、平安顺遂。富，备也，指生活富足。"迪好德"，是说有学行、懂得美好之德。"考终命"，是"成其年寿，终尽天命"（牟注《同文尚书》）。因此，"福"或"五福"不仅承载着民族心理、美好愿望，又体现了中国的文化传统。攸好德，意思是所好者德；考纹命即指善终不横夭。"五福捧寿"寓意多福多寿。同时，还有以寿字和蝙蝠组成的图案叫"福寿万代"。

中国传统吉祥图案因物喻义，物吉图祥，将情景融为一体，因而主题鲜明突出，构思巧妙，形成独特浓郁的名族色彩和个性。

正是由于图案的吉祥含义表达了人们对美好理想的向往和追求，因而被应用在生活的各个方面，尤以在染织、地毯、陶瓷、雕刻、建筑、服装、首饰等工艺美术用品和喜庆场合应用更为广泛。中国传统吉祥图案的社会影响和实际应用，是其他美术类别所不能取代的。吉祥图案是我国传统艺术中的一颗璀璨的明珠，已日益引起世界美学、民俗学的瞩目。

（3）传统文化对蝙蝠的矛盾看法

过春节时，农家院的影壁上（没有影壁的就在门楣上），贴一个红方

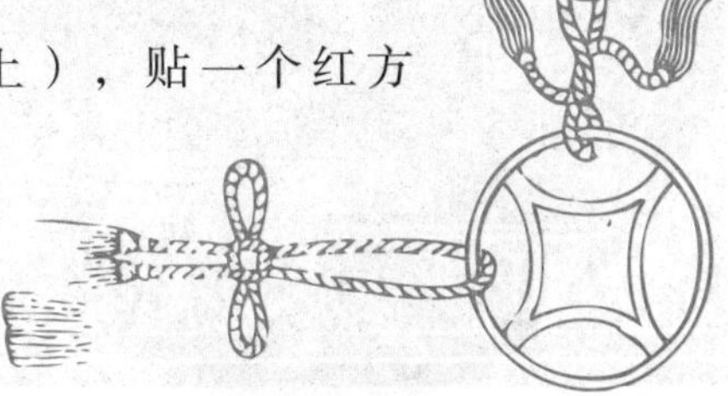

子大“福”字，寄寓祈求康宁的心理，是一种相当普遍的民俗。有点儿文墨的人家，常在“福”字第一笔那个点上做些文章，如写得状似一只小动物，在祈福之外再加上某种另外的吉祥含义。自20世纪90年代以来，在大城市里又兴起来倒着贴“福”字的风俗，而且一下子风靡各个层次的市民家庭。这是一种文化现象。

“福”字是一种文化象征或文化符号。“福”字背后被遮蔽着的意义，对于中国人来说，是约定俗成的，是心领神会的，不是哪一个人所能左右得了的。而对那些对中国人的民族心理不甚了然的老外们来说，情况就大不相同了，除了那些所谓“中国通”外，一般人会感到不得要领、困惑莫解。

祈福心理的普遍性，还见于其他许多文化物。厅堂里炕头上，常见到《五福临门》《福从天降》一类的年画；在丝绸、服装、壁挂、器物上，常见到《五福捧寿》的图案。总之，在日常生活中，“福”字到处可见，“福”的祈望镌刻在群众心里。

在表达或传递祈“福”愿望

时，国人又往往避免直截了当、一览无余，而常常采用一种人人皆能意会的象征符号。人们选择了蝙蝠这种动物，蝙蝠便成了这样的文化符号。无分官民商农，看到蝙蝠便立刻想到："福"来了。《五福临门》也好，"五福捧寿"也好，《福从天降》也好，在这类年画或图案上，都以"蝙蝠"来隐喻"福"字。蝙蝠表福，久而久之，约定俗成。"蝙蝠"作为"福"的象征符号，是人人皆能意会的。这种象征手法的成立，是由于汉字的谐音：蝠——福。在这里，谐音超越了符号学的"能指"（蝙蝠）与"所指"（福）之间在实际含义上的距离或矛盾。

然而，事实上在中国民间故事中，蝙蝠并不是个中国人喜爱的动物，而是一个令人讨厌的"骑墙派"。民间故事《蝙蝠》说：在宇宙初开时，天上有九个太阳，草木干枯、河流干涸，大家咒骂太阳，太阳便返回老家去了。大地上一片黑暗，严寒代替了炎热，动物们捐款请太阳再出来。轮到鸟类捐款时，蝙蝠说它不属于鸟类，而是鼠类。轮到鼠类捐款时，它又说它不属于鼠类，而是鸟类。大家为了惩罚蝙蝠的欺骗行为，从此不准蝙蝠有享受太阳的权利，只可以夜间出来寻食。

明代作家冯梦龙在《笑府·蝙蝠骑墙》里也说："凤凰寿，百鸟

朝贺，惟蝙蝠不至。”蝙蝠自认为它不是鸟，而是兽，故百鸟都来了，而惟独蝙蝠赖着不到场。已故美籍华人学者丁乃通在《蝙蝠在鸟兽之战当中》这样描述蝙蝠：“蝙蝠既不参加鸟类，也不参加兽类，硬说他既不是鸟，也不是兽。因此它受到了惩罚。”所谓惩罚，乃是在需要它表态时，它一回儿自称是鸟族，一回儿自称是兽族，总是想讨便宜，使它不敢在光天化日之下飞行，而只能昼伏夜出，偷偷摸摸，鬼鬼祟祟！褒贬有加，态度鲜明。这就是中国人的蝙蝠观。

台湾作家李敖在《蝙蝠和清流》里批评曹植说，他写《蝙蝠赋》时，对蝙蝠的“观察得都别有天地，但到最后，说蝙蝠‘巢不哺彀，空不乳子’，却观察得大错特错。曹植不知道：蝙蝠不是别的，正是大名鼎鼎的哺乳动物啊！”这种既是兽又能飞的动物，跑起来不如老鼠快，飞起来又不如鸟儿活；而人文品性，也与自然属性一样，属于“骑墙派”一族，故无论在中国还是外国，都不讨人喜欢。

奇怪的是，中国人自己给自己出了一个难题：广为流传民间故事批评蝙蝠，而约定速成的文化象征却赞颂蝙蝠！这着实是一个令人费解的巨大矛盾！

知识小百科

游离尾蝠的家——布兰肯洞穴

著名的布兰肯洞穴位于美国德克萨斯州中南部城市圣安东尼奥附近，每年春天都会迎来2000万只墨西哥游离尾蝠，是世界上最大的蝙蝠栖息地之一。布兰肯洞穴原是一个巨大的落水洞，后来内部塌陷形成了现在的样子，再后来，也就是距今1万年前左右时，墨西哥游离尾蝠开始居住在这里。墨西哥游离尾蝠属中等体型蝙蝠，体色为棕色或灰色，寿命为18年，它们像候鸟一样具有迁徙行为，每年的3～10月份居住在布兰肯洞穴里，其余时间在温暖的墨西哥度过。

布兰肯洞穴中的蝙蝠群密度很高，成年蝙蝠每平方米可达1800只，新生蝙蝠更是达到每平方米5000只。如此密集的蝙蝠聚在一起，产生的热量使洞穴内温度大幅上升，冬季时，洞内温度会从20℃升高到30℃，夏季时温度可升高到42℃，以致许多蝙蝠不得不拍打翅膀降温。

洞内的空气也极为污浊。大量新鲜的蝙蝠粪便及偶尔死掉的蝙蝠使得地面上的食肉甲虫大量繁殖，形成密密麻麻的一层，所产生的代谢物与水蒸汽结合形成大量氨气，氨气浓度稍高就能使人致命，但游离尾蝠可通过降低代谢速率，增加血液和呼吸黏液中的二氧化碳来中和氨气。高浓度的氨气还将游离尾蝠的羽毛漂白为略带红色的褐色。

(1) 壮观的蝙蝠云

游离尾蝠飞行时也聚在一起，就像一片片的云一样，尤其是它们傍晚出洞和黎明归来时的景象更为壮观。游离尾蝠飞出去的时候，就像一股黑烟涌出，洞口的"交通"拥挤程度可想而知，但却从不发生相撞事故。有人计算过，洞穴口每分钟飞出的游离尾蝠可以多达5000～10000只。已经飞出的蝙蝠在空中向上盘旋飞行，形成涡流状的蝙蝠云，几分钟后，掠过游人的头顶，向远方的夜空飞去。8～9月小蝙蝠正式加入到飞行队伍中时，蝙蝠云的景象更为壮观，游人甚至能感受到蝙蝠向上盘旋时产生的微风。

较之出洞，游离尾蝠归来时的景象同样引人瞩目，因为人们将看到世界上最壮观的"自由落体运动"。为了不错过机会，游人一般在拂晓前一小时赶到布兰肯洞穴。游离尾蝠归来时，一般以高速飞行，到达布兰肯洞穴上空1500～2500米处时停止前进，最先到达的以之字形向洞穴口俯冲，它们一个接一个地往洞里飞，其情形好比一股浓烟被洞里的妖怪吸进去。在此过程中，游离尾蝠会表演精湛的"自由落体"飞行，它们收起翅膀进行自由下落飞行，通过伸开并扇动翅膀来控制下落的速度和方向。

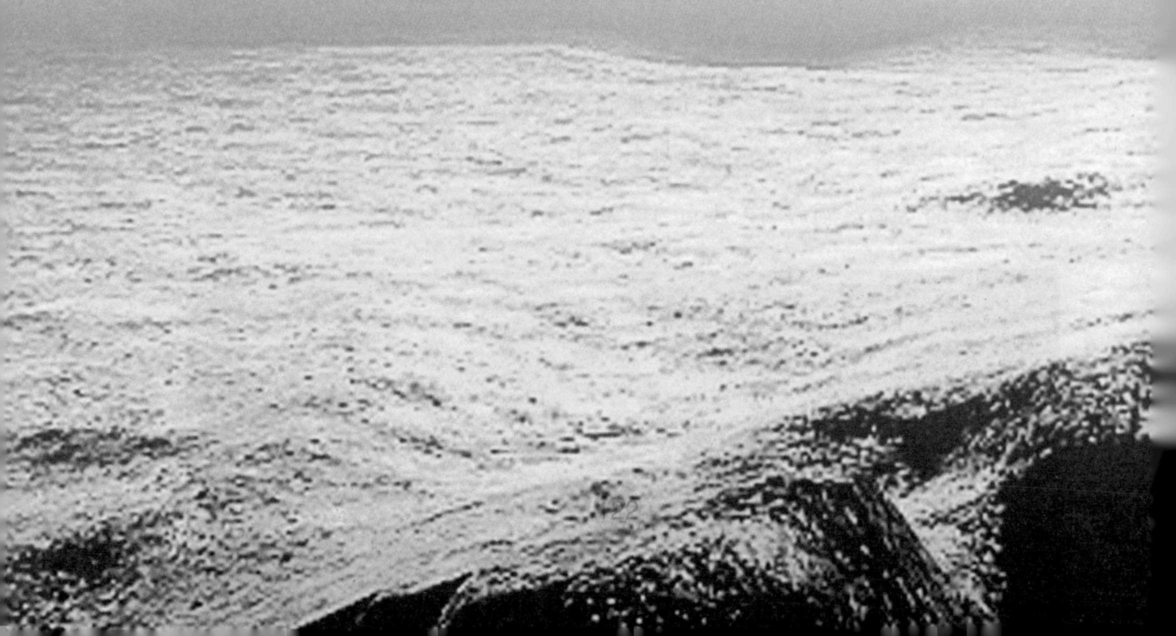

(2) 灭虫天军和天然肥料生产者

兰肯洞穴的游离尾蝠对当地的生态环境有着很大的益处，它们是灭虫天军和天然肥料生产者。游离尾蝠主要以蛾、蚂蚁、蚊子、甲虫等会飞的昆虫为食，它们的食量惊人。假设一只游离尾蝠一晚吃掉相当于自身重量（约12.3克）的昆虫（哺乳期间食量更大），那么，光布兰肯洞穴的蝙蝠一晚上就可消灭掉近250吨昆虫，这些昆虫里，一半左右是农业害虫，包括地老虎和棉铃虫。要知道，单是棉铃虫一种昆虫就使美国农民每年损失10亿美元。

与游离尾蝠惊人的灭虫能力对应的是，它们也产生大量的粪便，而这同样具有重要的生态和经济价值。蝙蝠粪便不仅是优质的天然肥料，而且具有许多潜在的价值。微生物学家BernieSteele对蝙蝠粪便研究后发现，一盎司粪便中就含有数十亿细菌，细菌种类达数千种，其中不少种仅见于布兰肯洞穴中。这些细菌中，有的可用于净化工业废物，有的可用作天然杀虫剂，有的经过处理后可作为抗生素。此外，万年来沉积下的蝙蝠粪还可用来监测环境污染和研究史前气候变化情况。

◇ 西方文化中的蝙蝠形象

东西方文化存在巨大差异，这一点在蝙蝠身上也充分体现出来。

蝙蝠在汤加群岛和西非被视为圣物，往往被看作是某种神灵的化身。有人将蝙蝠与吸血鬼联系在一起，认为吸血鬼可附身于蝙蝠、青蛙和狼。蝙蝠还是鬼怪、死亡和疾病的象征。在美洲土著民族中，比如克里克族、彻罗基族、阿帕切族，蝙蝠就代表着妖魔鬼怪。但在中国古代传说中，蝙蝠却是长寿和幸福的象征，在波兰、马其顿、瓜基乌图族人和阿拉伯人当中，蝙蝠则代表着幸运。

蝙蝠是西班牙巴伦西亚自治区纹章图案中的动物。哥伦布时代前的文化把蝙蝠同上帝联系起来，常常将它们以艺术的方式表现出来。摩且部落还在他们的陶器上描绘蝙蝠的图案。在西方文化中，蝙蝠往往是黑夜及不祥预兆的象征。蝙蝠是同虚构的黑暗人物紧密相连的主要动物，比如像德古拉这样的吸血魔王和蝙蝠侠这样的英雄。

但是，肯尼思·奥培尔的文学作品颠覆了人们将蝙蝠与暗夜联系在一起的固有思维，以《银蝙蝠》开始，他创作了一系列对蝙蝠作正面描述的畅销小说。《银蝙蝠》将蝙蝠描写成重要的英雄人物，类似于经典小说《海底沉船》中人性化

的小白兔。一种流传很广的传说称，蝙蝠会自己缠在人的头发上。

之所以有这样的传说，可能是因为以昆虫为食的蝙蝠在捕猎时，会不顾一切向吸引蚊子等小昆虫的人群冲过去，由此一些过分审慎的人认为蝙蝠正试图钻进他们的头发里。在英国，各类蝙蝠均受到《野生物及乡野法》的保护，甚至于干扰蝙蝠的生活及其栖息地都要受到高额罚款的惩罚。在沙捞越、马来西亚，蝙蝠是受《1998年野生动植物保护法》保护的一种物种。但当地人仍将大裸背蝠和更大的Nectar蝠当作美餐。

在国外，蝙蝠还是吸引游客的卖点。美国得克萨斯州奥斯丁的国会大道桥是150万只墨西哥无尾蝙蝠夏日的栖息地，这里还是北美最大的城市蝙蝠栖息地。150万只蝙蝠每晚估计吃掉总重1万至3万磅的昆虫。据估计，每年有10万人在黄昏时分来到国会大道桥，欣赏成千上万只蝙蝠离巢的壮观景象。但是，蝙蝠在西方最为典型而且被人们熟知的就是吸血鬼形象。

吸血鬼为什么会和蝙蝠联系在一起呢？吸血鬼是怎样来的呢？

传说，漆黑的深夜，荒郊古堡的上空盘旋着巨大的蝙蝠，野地里飘荡着阵阵狼嚎。城堡空无一人，老鼠四处横行。突然，一道闪电滑过，棺材盖缓缓打开，吸血鬼身穿黑衣、两眼血红、龇着獠牙出现了。

吸血鬼究竟是什么？对此，说法不一。人们普遍认为，吸血鬼和蝙蝠有着紧密的亲缘关系，他们的披风和燕尾服总是和蝙蝠的形象类似，蝙蝠中有一种著名的品种就被命名为“吸血鬼蝙蝠”。但这并不是传说的全部。其中有一个版本是这样的：14世纪时，德拉柯拉伯爵由于失去了爱人而诅咒上帝，从而变成了第一个吸血鬼，也就是吸血鬼之王，之后被他吸过血的人都会变成吸血鬼。而另一个类似于宗教传说的解释更详细些：当年犹大为了一袋银币出卖了耶稣，上帝就罚他变成吸血鬼，在黑夜中进行永恒的忏悔。因此，吸血鬼见不得阳光，害怕十字架，银制品也就成了他们的克星。

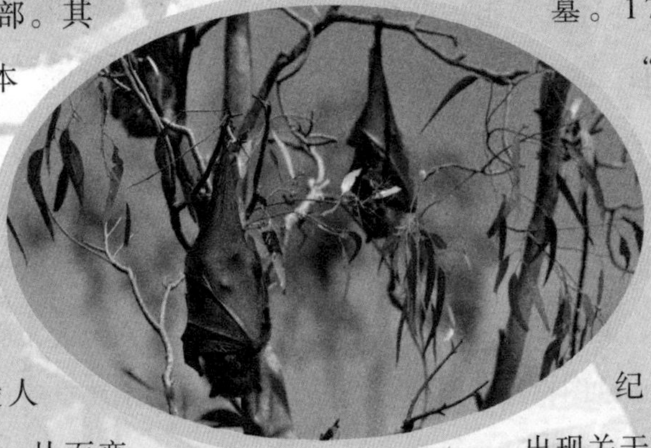

抛开这些传说，从历史上考证吸血鬼的起源，可以追溯到“狼人”一词。“狼人”起源于希腊的传说，指的是那些自杀或被教会开除教籍的人，死后被埋葬在未经宗教仪式祈祷过的地方，他们可以使自己的尸体不腐烂，并能够离开坟墓。17世纪末，“狼人”可以变成吸血鬼的传说开始出现。18世纪，欧洲开始出现关于吸血鬼案例的官方报告。据说，1725年，在一份关于吸血鬼的报告中，第一次出现了“吸血鬼”一词。吸血鬼的传说逐渐成为当时的一种神秘话题。

不管怎么说，恐怖、传奇、丰富性等因素都被集中在了吸血鬼的形象中。也正因为此，有关吸血鬼的故事总是长盛不衰。吸血鬼成为西方文化中的神秘主题。19世纪英国小说家斯托克对此功不可没。

斯托克的小说《德拉柯拉》（电影《惊情四百年》就是根据这本小说改编的）1897年出版，奠定了吸血鬼传说的现代神话。此后的很多吸血鬼作品都或多或少地受斯托克的启发，斯托克也因此被称为“鬼怪小说之父”。不止斯托克，就连柯勒律治、大仲马和狄更斯这样的大作家也曾写过关于吸血鬼题材的作品。

尽管其起源说法不一，但是有一点是统一的，当人们想到吸血鬼的时候，脑海中就会出现全身是黑色、挥着大翅膀、发出恐怖尖叫声的怪物，它们的形象和蝙蝠差不多。因此，蝙蝠也就成了西方吸血鬼的代名词。

中世纪宗教的神秘、文艺复兴的浪漫想像被巧妙地结合在了一起，其成果就是我们今天见到的吸血鬼。有人说，浪漫主义文学是夜晚的文学，因为这些作品中总充满着对月亮的想像；恐怖文学则是深夜的艺术，读者只有在夜深人静的时候才能真正体会到那种刺激的感觉。

有关蝙蝠的影视作品

◇ 电影《蝙蝠侠》系列

蝙蝠侠是在1939年5月美国《侦探漫画》第27期中诞生的一个虚拟人物，由鲍柏·肯恩与比尔·芬格共同创造（但是只有肯恩获得官方著名为作者），是个伸张正义打击犯罪的超级英雄。虽然一开始蝙蝠侠仅是数个同时被创造出来的虚拟角色之一，但后来却成为其他连载漫画中超级英雄的领袖人物。

蝙蝠侠是一个文化符号，曾被改编呈现于数种媒体中，包括广播、电视与电影，更出现在各式各样的商品上营销于全世界。对“蝙蝠侠”这一角色的演绎有着不同的版本，至今已发展成系列电影。

《蝙蝠侠》最初以电视的形式出现，1960年后的蝙蝠侠电视影集采用了夸张滑稽的美学处理方式，造就了亚当·维斯特这样家喻户晓的“蝙蝠侠”形象，结果在影集结束后的数十年间仍让蝙蝠侠脱离不了影集中的形象。

（1）《蝙蝠侠》

①电影简介

《蝙蝠侠》原名Batman，是由蒂姆·伯顿导演，由金·贝辛格、杰克·尼科尔森、迈克尔·基顿、杰克·帕兰斯主演的一部美国电影。影片长126分钟，1989年上映，取得了很好的效果。

这部影片是伯顿成为好莱坞一流导演的关键作品，也为好莱坞漫画卖座片的再次盛行奠定了基础。影片一直拍摄了下去，成为好莱坞为数不多的卖座系列片之一。影片在伯顿的导演下创造出丰富的视觉效果，并影响了以后的很多漫画卖座片的风格。伯顿偏于阴翳的视觉风格，令即使是超级正面英雄的蝙蝠侠也带上了强烈的阴暗心理的背景，这不仅使影片在众多超级英雄的影片中风格上独树一帜，而且也影响了接下来很多同类影片，丰富了好莱坞电影英雄群像的类型。

②剧情简介

在罪恶盛行的哥汉尔市，有一个自称“蝙蝠侠”的神秘人物。他惩恶扬善，引起了公众的注意，但有人还不确定蝙蝠侠是好人还是坏人。记者诺斯和女摄影师碧姬打算找出这个神秘人物的真面目，于是展开了调查。

碧姬遇见了富商布鲁斯韦恩，并与他一见钟情，但却不知道布鲁斯韦恩就是蝙蝠侠。而他的老管家亚菲则是蝙蝠侠的幕后助手。

在一次行动中，蝙蝠侠使匪徒尼巴落入了化学药池。尼巴的面部神经受到了损伤，成了永远咧着嘴的笑面人。他自称“小丑”，杀死了首领，控制了哥汉市的整个黑社会。“小丑”展开了恐怖活动。他用化学药品使人发笑而死。在碧姬赴布鲁斯韦恩的约会时，“小丑”袭击了博物馆。就在碧姬危急之际，蝙蝠侠突然出现，救出了碧姬。在与匪徒们展开一场激战后，蝙蝠侠带碧姬到了他的基地蝙蝠洞。他查出了预防“小丑”的杀人手段的方法，挫败了“小丑”的阴谋。

在碧姬家里，布鲁斯韦恩正要向碧姬吐露自己就是蝙蝠侠的秘密

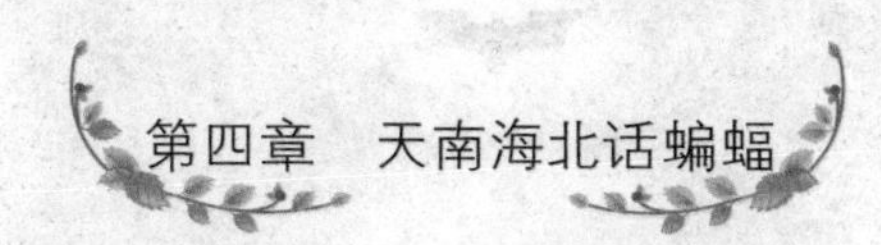

时，“小丑”突然闯入。布鲁斯韦恩机智地逃脱了被杀的命运，却知晓了“小丑”就是多年以前杀死他父母的仇人。

碧姬寻到了布鲁斯韦恩的基地蝙蝠洞，知道了布鲁斯就是蝙蝠侠。

“小丑”以散发巨款诱使人们参加游行庆典，并向蝙蝠侠挑战。布鲁斯韦恩不顾碧姬的劝导，变身为蝙蝠侠开始了惩戒匪徒的复仇，他先是摧毁了“小丑”的大本营，又驾驶蝙蝠飞机去阻止“小丑”的行动。

“小丑”在向人群抛撒金钱后又施放毒气企图大批杀害市民，蝙蝠侠切断了装满毒气的气球绳索，与“小丑”展开了激斗。“小丑”抓走了碧姬，在教堂顶端的钟楼上，蝙蝠侠与“小丑”及其喽罗展开了决战。一连串恶斗之后，小丑从高楼上摔落，而蝙蝠侠与碧姬则成功脱险。

在巨大的蝙蝠标记下，蝙蝠侠

傲然站立，一个新的英雄传说诞生了。

（2）《蝙蝠侠归来》

①电影简介

《蝙蝠侠归来》原名Batman Returns，由蒂姆·伯顿导演，鲍勃·卡恩、丹尼尔·沃特斯、山姆·哈姆三人编剧，迈克尔·基顿、丹尼·迪维图、米切尔·法伊弗、克里斯托弗·沃尔肯、迈克尔·高夫、迈克尔·墨菲等主演的美国电影。影片长126分钟，1992年上映。

《蝙蝠侠归来》是一部比《蝙蝠侠》更为出色的影片。迈克尔·基顿在影片中的表演比起《蝙蝠侠》来更为出色，在片中他将蝙蝠侠的各种情感表露无遗，使这一形象更为生动，饰演“猫女”的米歇尔·法伊弗在片中同样有着出色的表现。但最为引人注目的恐怕要数由丹尼·德·维托的表演了。在片中他饰演一个因畸形而被父母遗弃的“企鹅人”。丹尼·德·维托的表演十分生动地展现了人物被扭曲的精神世界，使观众在厌恶这一角色的同时不禁又对他产生一抹同情。在进行了大量的化妆之后，其表演仍然有如此之大的表现力，实在是令人钦佩。他可以算得上是在这部影片中表现最为优异的一位演员了。他的表演为影片增添了无穷的魅力。如果没有演员们的出色表现，影片的成功是不可想象的。

②剧情简介

．遭父母遗弃的男婴奥斯瓦尔德长大成人后带着复仇的心理重回纽约为非作歹。野心家马克斯的阴谋被女秘书塞利娜识破。为灭口，马克斯被塞利娜推下摩天楼，但塞利娜没有死，变成猫女。马克斯与奥斯瓦尔德互相利用：马克斯帮助奥斯瓦尔德竞选市长，奥斯瓦尔德强行通过马克斯建造电厂的计划。他们的对手布鲁斯实际上就是蝙蝠侠。布鲁斯和塞利娜共进晚餐时，奥斯瓦尔德在电视上栽赃蝙蝠侠绑架了美女，使他们相互产生猜忌。奥斯瓦尔德趁机指使一群群企鹅运送导弹，企图炸毁纽约。蝙蝠侠诱使这些企鹅捣毁了它们主人的巢穴，奥斯瓦尔德落得个作法自毙的下场。

③影片评析

在影片《蝙蝠侠》大获成功后，20世纪福克斯公司再接再厉，于1992年推出了电影《蝙蝠侠归来》，这部影片同样获得了巨大的反响，获得了不错的票房收入，而且与《蝙蝠侠》相比，《蝙蝠侠》制作得更为精美，“蝙蝠侠”再一次在观众们面前展现了他那动人的魅力。影片的音乐十分出色，在营造气氛上，音乐起到了极好的效果，为影片增色不少。人物的动作造型也比《蝙

蝠侠》更吸引人。影片中，蝙蝠侠增加了不少新武器。他的装备大为改善，蝙蝠衣也由一套变成了多套。这些改变使人物的形象增添了不少魅力。影片还增加了另一个变身人“猫女”，使故事更加吸引人。这次的反派角色企鹅人与《蝙蝠侠》中的单纯恶人形象的“小丑”不同，影片为他设定了一个遭到遗弃的身世，交待出了他作恶的心理动机，并为他也设定了一些道具，从而使这一形象显得更为生动。影片的打斗场面也比《蝙蝠侠》更为精彩。比起《蝙蝠侠》来，影片中的枪战场面大为减少，使蝙蝠侠得以更好地施展身手，使影片有别于其他的动作片，更适于儿童观看，影片也使“蝙蝠侠”具

有了更为丰富的情感，展现了各个人物丰富的内心世界。影片的结尾也具有了更深的寓意。

（3）《永远的蝙蝠侠》

①电影简介

《永远的蝙蝠侠》原名Batman Forever，由乔·舒马赫导演，瓦尔·基默、妮科尔·基德曼、金·凯瑞、汤米·李·琼斯等主演的美国电影。影片时长122分钟，1995年上映。

自《蝙蝠侠》电影版在1989年推出后，大获好评，更破了不少票房纪录，片中具有黑色电影的元素，是导演添·布顿一向的风格，虽然片中仍有小丑、蝙蝠侠等充斥场面，但一切已经与家喻户晓的蝙蝠侠不同。好莱坞制片家有见及此，所以今次实行大换血。导演方面，交由拍惯好莱坞主流电影的祖儿·舒密查掌舵，他以剧力十足的故事承托，还加插了许多幽默的笑

料。而演员方面，唯独占·基利饰演的谜妖最具有吸引力，他在片中浑身解数的表现，最令人兴奋，抢尽蝙蝠侠不少风头。值得一提的是，本片的视觉特技，正如葛咸城的影象，蝙蝠侠几场搏斗的场面，都是借助电影特技，把一些看似不可能的镜头变成真实，而且某些街景的两旁还利用电脑加上有颜色的烟雾，可谓费尽心思。观众除了可在画面上看到导演借用了不少高科技的效果之外，一些从未登场过的蝙蝠车、蝙蝠船等也大举出动。

②剧情简介

在哥汉市，又一个新的犯罪人物出现了，他就是因为毁了半边面容而仇恨蝙蝠侠的“双面人”。双面人一心想杀死蝙蝠侠，无敌的蝙蝠侠这次可算是碰到了对手。而一心想研究蝙蝠侠的心理学家翠丝的出现也给他造成了不少的困扰。

“双面人”袭击了马戏场。表演空中飞人的狄克一家勇敢地阻止了双面人的阴谋，但狄克的家人却

都被杀害。韦布斯收容了狄克，并巧妙地说服了一心想复仇的狄克留下。与此同时，因研究计划被拒绝而仇视韦布斯的公司员工伊艾活也成功地制造出了脑波吸收装置，并化身为“谜语客”与韦布斯为敌。

谜语客与双面人联手进行破坏活动。他们大肆抢劫，并通过脑波装置大量吸收人们的脑能量。蝙蝠侠的处境更为险恶。但一无所知的韦布斯现时正陷入与翠丝的感情纠葛之中。他因为无法摆脱双亲被害的噩梦而求助于翠丝。

狄克发现了韦布斯就是蝙蝠侠的秘密。他要求与蝙蝠侠一起行动为亲人报仇，却被蝙蝠侠拒绝。在伊艾活的宴会中，韦布斯被伊艾活的装置探查出了心中的秘密。“双面人”出现在宴会中引诱蝙蝠侠现身。韦布斯变身为蝙蝠侠迎战，却落入了“双面人”的陷阱，多亏神奇的蝙蝠衣才幸免于难。狄克及时赶到，救出了被流沙埋住的蝙蝠侠，他再次要求成为蝙蝠侠的助手。但韦布斯拒绝了一心想复仇的狄克，狄克愤而出走。

谜语客发现了韦布斯就是蝙蝠侠的秘密。韦布斯邀请翠丝来家中，向她吐露了自己就是蝙蝠侠的秘密，并表明了自己对翠丝的感情。正当两人情意绵绵之际，“双面人”和“谜语客”袭击了韦布斯的住宅，打昏了韦布斯，炸毁了蝙蝠洞，还抓走了翠丝。韦布斯猜出了“谜语客”的谜语，知道了匪徒们的巢穴所在。狄克也回来帮助韦布斯。他为自己取名为“知更鸟”——罗宾。罗宾和蝙蝠侠共同赶往伊艾活的岛屿，与匪徒们展开了一场激斗。经过一番较量，蝙蝠侠摧毁了“谜语客”的脑波吸收装

置，救出了翠丝和被困的搭档。双面人坠入了深井，而“谜语客”则神经错乱而发了疯。

蝙蝠侠的秘密守住了，而且他还有了一位共同与黑暗作斗争的搭档。正义的力量更加强大了。

（4）《蝙蝠侠与罗宾》

①电影简介

《蝙蝠侠与罗宾》原名Batman and Robin，由乔·舒马赫导演，鲍勃·卡恩 阿齐瓦·高斯曼编剧，克里斯·奥东内尔、阿诺德·施瓦辛格、乔治·克卢尼、艾丽西亚·西尔沃斯通、乌玛·瑟曼、迈克尔·高夫等主演的美国电影。影片长120分钟，1997年上映。

《蝙蝠侠与罗宾》是迄今为止评价最低的一部《蝙蝠侠》，群星齐聚也未能拯救影片不堪的票房。语焉不详的故事仍然是影片失败的主因，拍摄手法过于公式化，情节老套，主演表现不佳，都使得这部投资最大的《蝙蝠侠》，成为该系列最大的败笔之作。

②剧情简介

神出鬼没的蝙蝠侠，这回将面临毕生中最强劲的对手——急冻人。

依旧周旋在日夜两种身份的蝙蝠侠，以新的蝙蝠洞穴、蝙蝠车，和武器配备，继续执行他打击犯罪的正义使命。他身手仍然敏捷、迎战救人时也绝不留情，但这回来势汹汹的急冻人却以不断翻新的犯罪俩伎，让蝙蝠侠陷入空前的苦战。

外号“急冻人”的维多博士，原是科学界不可多得的天才，但一桩意外，却让他性情不变，必须靠特殊急设备才能正常作息，而更糟糕的是，除非他能把整个高谭市随时保持在零下低温，他的心爱的妻子将永远陷入昏迷状态。为了达到这个目的，维多博士化身为“急冻人”，以精心设计的犯罪行动逐步扩充他的急冻王国，他独创急冻武器，更是让所有受害者“冻”不堪言，整个高谭市都笼罩在“冰封”的恐惧中。在急冻人的计划中，蝙蝠侠是“冻结”高谭市的首要障

碍，他必须不计任何代价尽速终结蝙蝠侠的性命。

还好这次蝙蝠侠并非单枪匹马。擅长飞檐走壁的罗宾，驾驭“红鸟”机车的功力愈来愈高超，虽惹出许多麻烦，但他仍是蝙蝠侠不可或缺的助手，两人无懈可击的默契和友谊，一一化解了危机，但毒藤女的出现，却让这对拍档的情谊造成极大考验。

毒藤女的美艳外表让人难以招架，她的吻更足以取人性命。她钟情于蝙蝠侠来去不定的神秘风范，也明了罗宾情窦初开的心意，但无法自拔的自毁个性，让她设下一步步致命陷阱，诱引蝙蝠侠和罗宾互生心结。

“急冻人”的诡计多端、加上毒藤女的心狠手辣，让高谭市全体市民的性命岌岌可及，全力应战的蝙辐侠和罗宾，这时又多了一位勇敢、机警、敏捷的帮手——蝙蝠女，但蝙蝠侠、罗宾、蝙蝠女真能及时阻止急冻人和毒藤女的致命阴谋吗？一场斗智斗力的全方位作战就此展开……

（5）《蝙蝠侠：侠影之谜》

①电影简介

《蝙蝠侠：侠影之谜》原名Batman Begins，又译为《蝙蝠侠诞生》《蝙蝠侠：开战时刻》。该片由克里斯托弗·诺兰导演，鲍勃·凯恩、大卫·S·高耶、克里斯托弗·诺兰编剧，克里斯蒂安·贝尔(克里斯汀·贝尔)、迈克尔·凯恩、摩根·弗里曼、加里·奥德曼、凯蒂·赫尔姆斯、斯里安·墨菲、汤姆·威尔金森、鲁特格尔·哈尔主演的美国电影。影片长140分钟,2005年上映。

《蝙蝠侠:侠影之谜》是大胆突破以往常规束缚的全新《蝙蝠侠》作品,英国导演克李斯托弗·诺兰全面格新了《蝙蝠侠》的银幕风格,让《侠影之谜》更符合当前观众的欣赏口味,该片也不负众望的成为《蝙蝠侠》系列的翻身之作。

②剧情简介

影片讲述的是蝙蝠侠最初的故事。布鲁斯·韦恩在他小的时候亲眼目睹他的百万富翁的父母被残忍的杀害,童年的阴影引起了他报仇的欲望。但是造化弄人,他一直也没有找到机会为自己的父母报仇。

布鲁斯接受了忍者集团首领Ra's Al-Ghul的建议,来到了哥特市,一个被各式各样的犯罪集团所围绕的堕落腐朽的城市。布鲁斯在自己别墅发现了一个地下室,其中的装备令他变成另外一个人：蝙蝠侠。

在这身伪装下，蝙蝠侠到处打击犯罪，包括黑手党首领唐鹰，变态毒枭“稻草人”博士以及一个非常熟悉自己的神秘的对手……

一个人该如何改变世界？

这是布鲁斯·韦恩在亲眼目睹他的父母在高谭市街头被歹徒开枪打死后一直萦绕在脑海的问题，这起不幸的悲剧也改变了他的一生。

他想要继承他的父母为社会无私的奉献精神，但他受到罪恶感及满腔怒火的痛苦煎熬，一心想要为他的父母报仇，这位年轻的亿万富翁对社会正义感到彻底失望，于是决定离开高谭市，隐姓埋名、环游世界，寻找打击犯罪最犀利的方法，让世上穷凶极恶的坏蛋闻之丧胆。

他在世界各地到处游荡，为了了解罪犯的心理，于是决定自己也亲自犯罪，却被逮捕入狱。他在狱中遇到一个名为杜卡的神秘人物，他成为布鲁斯的师父，传授他一身高强的武艺以及坚强的意志力，让他拥有打击犯罪消灭邪恶力量的能力。但是他很快就被正邪难分的影武者联盟看上，影武者联盟的头目忍者大师想要邀他加入他们的行列。

布鲁斯重返高谭市后发现这座

曾经兴盛的大都会已被横行霸道的罪犯以及贪污腐败的官僚控制，而他原来充满为社会奉献及服务的精神的家族事业韦恩企业，现在却被现任的执行长厄尔掌控，成为一个唯利是图的大财团。

这时布鲁斯的儿时好友瑞秋道斯现在则是高谭市地检署的助理检察官，由于黑帮老大卡曼费康尼收买了高谭市的高官政要，她一直无法起诉最凶狠的罪犯。而该市的精神科医师克莱恩医师也为黑帮老大费康尼的打手以精神异为由脱罪。

布鲁斯·韦恩藉由忠心耿耿的老管家阿福、正义警官戈登以及他在韦恩企业的盟友卢修福克斯的协助下，成为打击犯罪的化身蝙蝠侠：一个戴着面具的正义使者，使用惊人的身手、高超的智慧和高科技武器，对抗威胁要摧毁高谭市的邪恶力量。

(6)《蝙蝠侠：暗夜骑士》

①电影简介

《蝙蝠侠：暗夜骑士》原名The Dark Knight，由克里斯托弗·诺兰导演，鲍勃·凯恩、大卫·S·高耶、克里斯托弗·诺兰、乔纳森·诺兰编剧，克里斯蒂安·贝尔（克里斯汀·贝尔）、希斯·莱杰、迈克尔·凯恩、加里·奥德曼、玛吉·吉伦哈尔、艾伦·艾克哈特、摩根·弗里曼、埃里克·罗伯兹主演的美国电影。影片时长152分钟，2008年上映。

②剧情简介

在《蝙蝠侠：侠影之谜》故事中，从亲眼目睹父母被人杀死的阴影中走出来的“蝙蝠侠”，经历了成长之后，已经不再是那个桀骜不逊的孤单英雄了。在警官吉姆·戈登和检查官哈维·登特的通力帮助下，“蝙蝠侠”无后顾之忧地继续满世界的奔波，与日益增长起来的犯罪威胁做着永无休止的争斗，而他所在的高谭市，也是进展最为明显的地方，犯罪率以一种惊人的速度持续下降着，毕竟对方是能够上天入地的“蝙蝠侠”，不借两个胆子谁还敢造次呢？不过像高谭这种科技与污秽并存的城市，平静是不可能维持太久的，果不其然，新一轮的混乱很快就席卷了整个城市，人们再次被恐慌笼罩着，而声称愿意为这一切负责的，自然就是所有混乱的源头以及支配者——“小丑”了。

先不管小丑掀起一个又一个犯罪狂潮的最终目的为何，他的企图都是邪恶的，所作所为更是早就危害到了高谭市民的正常生活……其中自然包括了“蝙蝠侠”身边几个

非常重要的人，而他需要做的，就是将这股新的危机全部亲自用手捏得粉碎。然而在面对着这个有史以来最具针对性、最恶毒的对手时，“蝙蝠侠”却不得不从他的地下军械库里搬出每一件能够用得上的高科技武器，还得时刻纠结着为他曾经信仰的一切寻找答案。而他也与警察局长戈登检察总长哈维登特一起组成了一个打击罪犯的“黄金三角”，而哈维登特则被认为是这个金三角中最完美的人。

小丑犯罪并不是为了钱，也不是为了一般罪犯所需要的东西，或许令他享受的是犯罪的过程——看着炸药爆炸，房屋倒塌，人死前的恐惧……他闯入布鲁斯韦恩帮哈维登特筹款的晚会他要求蝙蝠侠坦白自己的身份，不然就要一天杀死一个Gotham的市民，他先后杀死了一个法官和警察局长（戈登因此成了局长）还有戈登。为此哈维登特举行了一个揭露蝙蝠侠身份的重要的新闻发布会，在这个新闻发布会上，哈维登特说自己是蝙蝠侠，因此被警察逮捕，他想利用自己被转移到另一个监狱的机会引出小丑，他达到目的了，就此，一场追车大

战在公路上上演，在紧急关头，诈死的戈登现身，小丑被捕，但就在此时哈维登特与雷切尔道斯（哈维与布鲁斯共同的爱人）被小丑的手下抓到两个不同的地方并在他们旁边放满了定时炸药。小丑将一枚炸弹放入与他同牢房的一个犯人身体中，戈登与蝙蝠侠轮番上阵最终艰难的从小丑口中问出雷切尔和哈维登特的下落，戈登与蝙蝠侠出去救人时，小丑以一个警察做人质得到了一部手机，引爆了囚犯体中的炸药得以逃脱。蝙蝠侠本来要去救雷切尔，却因小丑提供的错误地址找到了哈维登特。最终，雷切尔死于爆炸，哈维登特被救出，但是半边脸部被毁容，在小丑的教唆下，哈维登特变的丧心病狂，小丑令他相信戈登、蝙蝠侠、这个社会才是杀死雷切尔的凶手，哈维登特便一心只想着为雷切尔复仇。小丑利用媒体透露了自己在市中心医院放置了炸弹的消息，幸好炸弹爆炸时医院中的人员已全部疏散完毕。但是更大危机到来，小丑威胁要炸掉整座城市并且提醒市民们不能走大桥，于是利用水路输送人群的方案启动了。小丑在两艘船上安装了炸药，一艘船上都是重刑犯，另一艘上都是清白并且地位高尚的上流市民，在两艘穿上都有启动对方船上炸药的装置，小丑说如果两艘船上的人都不在12点前启动炸弹那么两艘船都要葬身水底。与此同时，哈维登

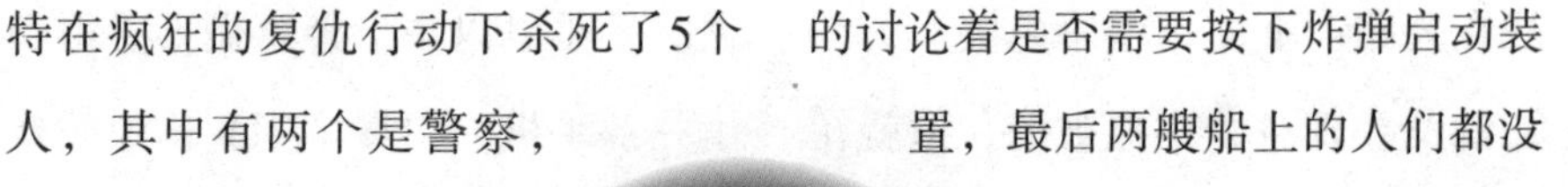

特在疯狂的复仇行动下杀死了5个人，其中有两个是警察，他让曾经将雷切尔送到她毙命地点的女警察去接戈登的妻儿，由于女警察很受信任，因此戈登得逞了。布鲁斯利用福克斯研制出的声纳装置监听了全市30万人的手机，福克斯利用这个帮布鲁斯寻找到小丑的方位。此时，两艘船上的人们积极的讨论着是否需要按下炸弹启动装置，最后两艘船上的人们都没有按下按钮，这是小丑没有想到的，到了12点，炸弹依然没有启动。小丑此时正在西方的大楼中，在一场激烈的搏斗后小丑被制服，他对蝙蝠侠道出了一切事情的真谛："人们看你和看我差不多，都认为我们是怪物，只不过是他们现在需要你罢了，等到他们不需要你的时候，他们会追捕你，这就是他们所谓的正人君子。看着我创造出来的罪犯（指哈维登特）犯罪比自己犯罪更刺激。"与此同时，戈登来到了他的妻儿所在的地方，见到了哈维登特，在蝙蝠侠的帮助下，哈维登特坠楼而亡，蝙蝠侠说："他（哈维登特）是Gotham市民的希望，我愿意担下所有的责任，你们来追捕我吧！就算是最完美的人，也有堕落

的一天。哈维毁了他精心传造的一切，整个城市的未来都跟着哈维的疯狂死了，一切都完了，小丑已经彻底打败我们之间最完美的人，人们不会因此失去希望，人们还不知道他的所作所为，（戈登说："他杀了5个人，两个是警察，这不能磨灭。"）但是绝不能让小丑得逞，Gotham需要一个真正的英雄，若不是死的像个英雄，就看着自己活生生的变成一个杀不死的大反派，我不怕如此，因为我不是一个英雄，不像哈维这样，是我杀了这些人，都让我来承担吧，Gotham需要什么，我就成为什么。"

◇ 同名歌剧《蝙蝠》

歌剧《蝙蝠》是三幕喜歌剧，由法国人梅耶克和阿列维根据德国作家贝涅狄克的喜剧《监狱》而改编的《年夜》为蓝本所创作。

维也纳剧院的经理买下《年夜》脚本，请哈夫纳和格内两人改编成适合于在维也纳演出的三幕德语轻歌剧脚本，请奥地利作曲家约翰·斯特劳斯创作了三幕轻歌剧《蝙蝠》。1874年4月5日，该剧首演于维也纳剧院。

轻歌剧《蝙蝠》是约翰·施特劳斯写过的轻歌剧中最为著名的

一部，也是约翰·施特劳斯的代表作之一，作品具有极高的艺术性。一百多年来，《蝙蝠》以其不凡的艺术造诣堂而皇之地进入了大歌剧院，并一直成为许多国家一流歌剧院的保留剧目。在维也纳歌剧院每年的圣诞节前，都要演出一场真正的“维也纳歌剧”——约翰·施特劳斯的轻歌剧《蝙蝠》。

《蝙蝠》的剧情引人入胜，其演出方式富丽堂皇，演出特点幽默诙谐。《蝙蝠》序曲更是家喻户晓，从它一问世起就成为极受欢迎的经典之作，是音乐会上不可缺少的演奏曲目。

第一幕

地点：艾森史坦的宅邸。在辩护律师布林德协助无效下，艾森史坦男爵即将因为侮辱官员而坐牢8天，而今天就是他要入狱的日子。但是他的朋友法克博士说服他延后一天入狱，并找他一起去参加一场俄国王子欧罗夫斯基所举办的舞会，而在那可以看到许多年轻的美女。法克在上个冬天曾经参加过一场化装舞会，他装扮成蝙蝠而且喝得酩酊大醉，但是当时艾森史坦故意将他抛弃在大街中，直到天亮后才醒来。结果法克就成了大家的笑柄。而此次他正等待机会想要好

好的回整艾森史坦。在家中艾森史坦正与他的妻子罗莎林德共度晚间的美好时光。女仆阿黛拉收到一封舞会的邀请函，但假装是因为她姐姐生病而想告假。这时法克带着邀请函来找艾森史坦，这时艾森史坦佯装即将入狱而与妻子跟阿黛拉道别，事实上则是要跟法克一起去参加舞会。当他们离开后，罗莎林德之前的仰慕者阿菲列德来找她，对她唱着情歌。监狱的总督法兰克这时候来要带艾森史坦入狱，但是看到穿着家居便衣的阿菲列德，就把他当成艾森史坦给带走了。

第二幕

地点：欧罗夫斯基的别墅。法克还另外邀请监狱的总督法兰克、女仆阿黛拉共同来作弄艾森史坦。罗莎林德扮装为一个匈牙利伯爵夫人参加舞会，法克向别人介绍艾森史坦为“任纳德侯爵”，而法兰克为“查格林爵士”。在舞会进行中王子向他的客人们表达欢迎之意，而艾森史坦被介绍给扮装后的阿黛拉认识，但他同时感觉奇怪，因为这位女士实在很像他家的女仆。接着法克又介绍扮装后的罗沙林德给艾森史坦认识，在两人亲密交谈的

过程中，他从一只手表确定这个男人就是她的丈夫，而且准备之后好好跟他算帐。在舞会热闹的终曲下，大家热烈庆祝。

第三幕

地点：监狱。舞会结束后的隔天早上，一行人来到了监狱，而狱卒浮罗许因为主管不在而喝醉了。阿黛拉来到监狱为了得到“查格林爵士”（法兰克）的帮助，而阿菲列德一心一意只想离开监狱。当罗莎林德知道艾森史坦的计划后，她气得想要跟他离婚，而法兰克还一副醉醺醺的模样。当艾森史坦发现监狱中已经有一个假的“艾森史坦”（实际上是阿菲列德）时，他心里有数他老婆给他戴了绿帽。浮罗许把阿黛拉跟她姊姊依达关起来，而当法克来到后，他对舞会的宾客说明这是为了报复去年冬天遭到戏弄的行动，众人喧闹不已。而艾森史坦最终还是得乖乖的待在监狱中服完他的刑期。

◇ 美国电影《蝙蝠》

（1）电影简介

美国电影《蝙蝠》1959年上映，有克莱恩·韦尔伯导演，文森特·普莱斯 艾格尼丝·摩赫德等主演的惊悚犯罪电影，电影时长79分钟，是一部黑白电影。

（2）剧情简介

小小市镇人心惶惶，原来既来

了“蝙蝠”的杀人凶犯，又飞来了咬人致死的蝙蝠。

侦探小说作家科妮莉亚小姐为了避暑来到了市镇齐尼思，她租了属于当地银行董事长强·弗莱明的一所叫作“橡树庄”的住宅，同女仆莉齐住了进去。当时，镇上关于一个绰号“蝙蝠”的奇怪杀人凶犯的议论正传得沸沸扬扬，杂志上又在介绍镇上出现一种带有病毒的真蝙蝠咬了人之后能传染狂犬病。于是，蝙蝠弄得人心惶惶。

在齐尼思银行，副董事长贝利突然发现存放在银行一个特别保险箱里的价值一百多万美元的证券失窃了。警察局侦探长安德森立即着手对这一案件进行侦察。由于银行里只有正副行长才能接触这个保险箱，所以贝利成了这一窃案的当然嫌疑犯关进了监狱。然而真正的罪犯却是这家银行的开办者、行长强·弗莱明。

在狩猎地点的林间小屋里，弗莱明向打猎的同伴韦尔斯大夫讲了事情的真相。他以手枪相威胁，要求韦尔斯大夫协助他共设骗局，以便永久掩人耳目和逃避刑律。韦尔斯没有答应。这时正好遇上森林火灾，韦尔斯乘机开枪打死了弗莱明，于是那一百多万美元就成了藏在某处的一笔无主的巨额财富。

人们的视线很快集中到“橡树庄”，连住在这里的女作家科妮莉亚也认为，要隐藏这笔不义之财，“橡树庄”这所房子是一个理想的处所。在一个电闪雷鸣的夜晚，“蝙蝠”光顾了“橡树庄”，引起了科妮莉亚的焦急和莉齐的惊恐，科妮莉亚给警察局打了电话要求保护，警察局答应派警察进行巡逻。

侦探长安德森出入“橡树庄”进行着仔细的侦察，经常来这里作客的韦尔斯大夫和科妮莉亚的汽车司机沃纳引起了安德森的“特别”注意。但是，虽然警察在房子外面巡逻，安德森在房子里面搜索，却并没有能够阻止“蝙蝠”继续作案。科妮莉亚甚至还亲眼看见了这个蒙面的狡猾而又凶恶的人，很显然。正是那一百万元巨款吸引着“蝙蝠”舍不得离去。

越来越多的迹象表明，钱确实藏在这座已经搞得很不安宁的“橡树庄”，说不定就藏在楼上那所搁箱子的空屋里。那屋子的墙壁已经被寻找这笔财富的“蝙蝠”凿了个洞。一天夜里，科妮莉亚瞒着别人，亲自察看了这间屋子。果然，她在屋子里发现了一个藏在墙壁里的暗室。正当她走进暗室进一步探索的时候，却遭到了“蝙蝠”的暗算，电动机关门被关闭，科妮莉亚在里面差一点被窒息致死。幸亏莉齐带着警察达文波特寻找到这里，才把科妮莉亚救了出来。

这笔钱就在眼前了，“蝙蝠”用火点着了汽车库，企图以此把屋子里的人引开，以便把钱拿走。科妮莉亚识破了“蝙蝠”的诡计，也就将计就计地隐藏在屋子里，等待“蝙蝠”前来。“蝙蝠”果然来了。不料警察达文波特不是他的对手，反而死在“蝙蝠”的枪下。科妮莉亚和莉齐在“蝙蝠”的手枪面前束手待毙。正当“蝙蝠”即将扣动扳机的危急时刻，门外一声枪响，“蝙蝠”倒了下去。虽然他为得到这笔钱费尽了心机，但终究难逃法网。他那藏在黑面纱后面的真面目，终于暴露在观众的面前。

◇ 韩国电影《蝙蝠》

（1）电影简介

韩国电影《蝙蝠》由朴赞郁导演，宋康昊、金玉彬、申河均、金海淑、黄雨瑟惠主演的爱情故事。影片时长133分钟，2009年上映。

《蝙蝠》是一部关于不伦与痴情的情感惊悚片，讲述受人尊敬的神父因意外事故感染病毒变而成吸血鬼，以及他与年纪相当于自己女儿的有夫之妇间的爱情故事。

宋康昊在片中饰演变成吸血鬼的神父，电视圈的红人金玉彬则扮演对他产生致命诱惑的年轻女

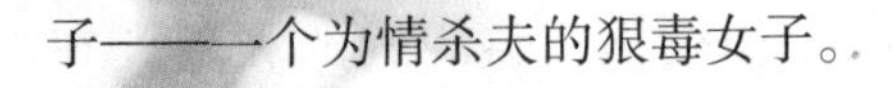

子——一个为情杀夫的狠毒女子。

而早在《老男孩》中朴赞郁就曾经制造了崔岷植和姜惠贞这对更具争议的老少配，这次搭戏的宋康昊和金玉彬实际年纪就相差了整整18岁。

（2）剧情简介

神父尚贤（宋康昊饰）怀着打救众生的神圣愿望参加了一个秘密组织的疫苗实验，然而，远赴非洲的他却意外感染了致命的病毒。为了把实验进行到底，医生给濒临死亡的尚贤输入了一种未经验证的血浆。奇迹般活过来的尚贤却产生了怪异的嗜血性，就像吸血鬼一样，尚贤必须躲避阳光，吸食人类血液为生。

为了不杀人，只依靠现成的血浆维持生命的尚贤一直小心地控制着自己的欲望，直到在朋友强宇（申河均饰）家遇到了他的妻子泰珠（金玉彬饰）。强宇身体孱弱，强宇的母亲（金海淑饰）对儿子过

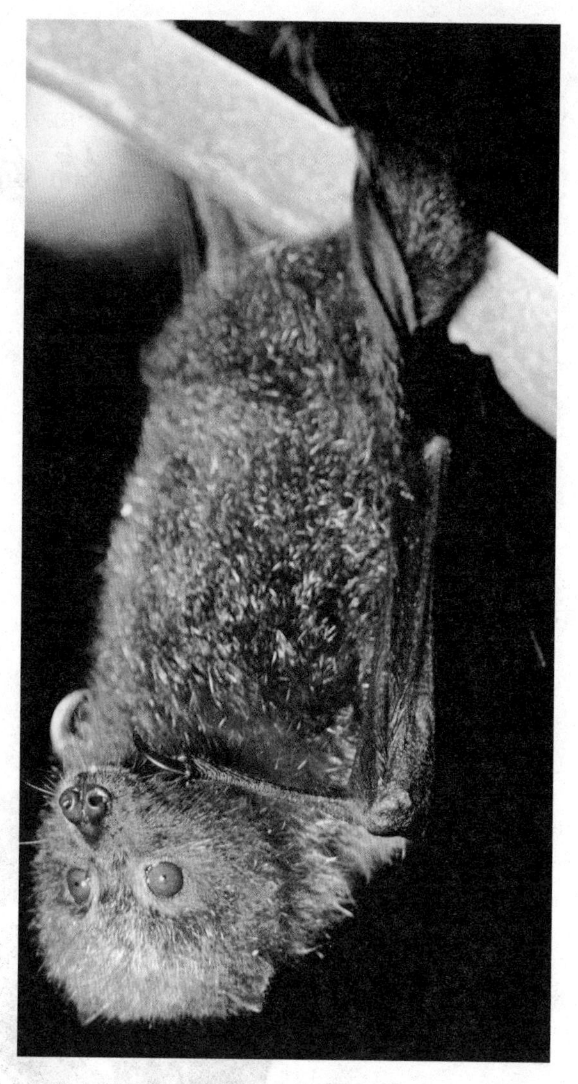

份的溺爱导致她常常把不满发泄到泰珠头上。对泰珠的遭遇看在眼里疼在心里的尚贤第一眼就深深爱上了这个绝望却又倔强的女人。

两个内心孤独又恐惧的人很快两人便冲破障碍走到一起。与泰珠的结合让神父尚贤体会到前所未有的快感，似乎是欲望的大门被打开，尚贤与泰珠彻底背叛了亲人和信仰，深陷到直至泰珠提出希望尚贤能帮助自己杀掉可恨的丈夫一家。一直在外人面前扮演着救赎者的尚贤对泰珠的爱因为了有了杀人的动机而显得愈发的疯狂。

影片《蝙蝠》可以说是韩国电影进军世界电影市场的桥头堡。因为这部电影是韩国电影史上第一部在制作阶段就成功与好莱坞重量级公司——环球影业合作共同投资。这确保了影片在北美的发行网，尤其值得一提的是担当《蝙蝠》北美发行的焦点可以说是专门介绍有实力的导演的公司。环球影业公司负责人说："这次是第一次投资韩国电影，能够投资韩国最有影响力的导演朴赞郁的作品非常高兴也很期待。希望通过《蝙蝠》能够有更多参与韩国电影的制作和投资机会。"

有关蝙蝠的书籍

◇《小蝙蝠精的故事》

“蝙蝠精”在英语、德语等西方语言中都是同一个词，原意是“吸血鬼”。据民间传说记载，吸血鬼是相传中的吸血动物，是异教徒、罪犯、自杀者等的游魂。它们夜晚离开墓穴，以蝙蝠精的形象出现，吮吸动物或人的血，但到黎明时分它们必须返回墓穴或进入装满它们出生地泥土的棺材。受其害者死后也变成吸血鬼。亚洲、欧洲普遍相信有吸血鬼，此传说在欧洲中世纪就已流行，到了20世纪，以吸血鬼（即蝙蝠精）为题材的文学作品更为盛行，并纷纷被改编为电影，流传甚广。

当然，在许多文学作品中，蝙蝠精常常是以反面角色出现的，就如同我们熟悉的狼和狐狸，它们往往让人厌恶、痛恨。但现在狼和狐狸在文学作品中渐渐以正面

形象出现了，蝙蝠精当然也可一改它传统的形象和待遇。它在《小蝙蝠精》系列中，便是以正面人物出现的。

“小蝙蝠精系列”包括《小蝙蝠精》《小蝙蝠精搬家历险记》《小蝙蝠精旅行历险记》以及《小蝙蝠精下乡历险记》，它们分别描述了主人公——一个九岁的儿童安东和两个有一百岁以上年龄的小蝙蝠精相识、交往、出行等一系列的历险，向我们展示了一篇篇集童话与现实生活为一炉的生动、诙谐的故事。这些故事既能使少年朋友受到教育，得到启迪，同时还会使他们觉得，书中的主人公就是你、我、他，或者就在我们中间。

这部作品写作手法新颖独特，语言幽默诙谐，故事情节也十分生动活泼。

本书的插图生动有趣，值得回味，是由德国著名女版画家、漫画家阿梅莉·格利恩克创作的。

书中的主人公安东和大多数少年朋友一样，也是父母的“独生子女”，他身上有很多优点，但也有不少缺点。他一心想念好书，可又常常为念不好书而烦恼；他好动好玩，甚至装病不上学，在父母的严厉管教下还说谎；但他也是一个诚实、讲义气、处处为别人着想、乐于帮助别人、能体贴父母的孩子。对自己身上的不足之处，安东自己也知道，并想改掉它们，可是他正处在一个有“反抗意识”的年

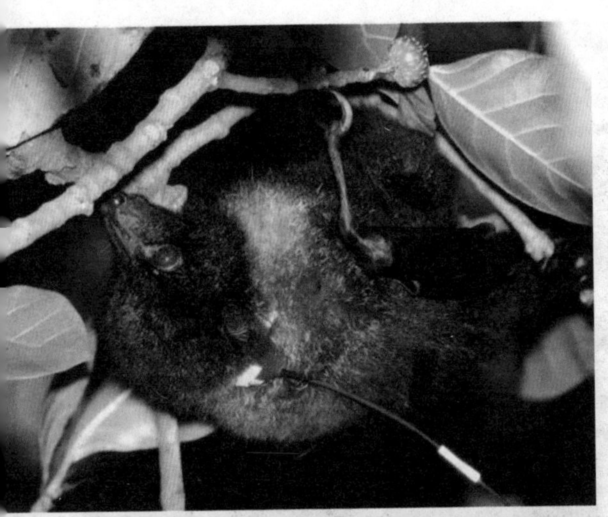

龄段，往往又认为自己的所作所为是正确的，而父母对他的管教是错误的。他常常受到冤枉和委屈，可是又觉得很无奈。他不服管教，常常顶撞父母，他的内心世界也常常处在矛盾之中。可在这充满矛盾的世界里，他始终坚持一个原则：“要守信、诚实，听父母的话，学会说话，学会沉默，不过要看实际情况”（安东语）。安东虽然只有九岁，但他的心胸是宽广的。他在同小蝙蝠精吕迪格尔以及他妹妹安娜的交往中，充分表现了他“要守信、诚实”的美好品德。安东没有兄弟姐妹，是父母的“独子”，父母对他管得比较严，他的一言一行都处在他们的视线之下。他不能随便外出，不能随便交朋友，不能这样，不能那样。平时只能一个人在家里做功课、看电视、看惊险小说。所以他感到孤独，感到没劲，感到苦恼，感到父母不理解他，可是自从和小蝙蝠精吕迪格尔和安娜认识以后，他的生活便变得丰富多彩起来，他的时间变得宝贵起来；两个小蝙蝠精成了他的知己，成了他“最好的朋友”，他向他们倾诉自己的苦恼，常常变着法儿瞒着父母外出，和两个小蝙蝠精“幽会”、玩耍，参加他们的“蝙蝠精聚会”，参加他们的种种历险活动；他疲于在两个小蝙蝠精和父母之间奔波和周旋，结果又两面不讨好，受尽了磨难和委屈，最后还和小蝙蝠精吕迪格尔大吵了一顿，差一点同“最好的朋友”闹翻。尽管如此，可在小蝙蝠精屡遭不测时，他仍不计前嫌，舍身相救，使小蝙蝠精几次化险为夷；在同小蝙蝠精安娜的交往中，他从安娜身上学到了不少东西。安娜是一个好学上进、处处为别人着想的蝙蝠精小女孩，尽管他们也有不高兴的时候，但他们还是本着互谅互让的原则，相处得十分融洽。在这部小说的结尾处，安东得出结论：“小蝙蝠精吕迪格尔是自私的，他只为自己考虑，不为别人着想”，而小蝙蝠精安娜则是高尚的，是他心中的“偶像”，是他真正的朋友。“友情意味着，一个人不只是为自己着想，而且还要为别人着想……就像安娜！”

“小蝙蝠精的故事”所揭示的现象在人们中间也普遍存在，它们的内涵是丰富的，它们的寓意是深刻的。作为少年儿童应该记取什

么呢？仔细思索一下，安东、吕迪格尔、安娜就在我们身边，也可能就是你自己；他们身上有缺点，也有优点，相信你们看了之后能明辨是非，像安东那样努力克服自己身上的缺点，保存自己身上的优点。作为每一个家长，尤其是独生子女的家长，也应该从中记取一点经验教训：是对自己的孩子实行“管卡压”，还是循循善诱，正面引导？是大包大揽，还是放任自流？还是把他们整天关在舒适的自我封闭的小天地里，还是让他们到伙伴中去，到大自然中去经风雨见世面？是培养他们在小朋友之间“寸土必争、寸步不让”这种狭隘的心胸，还是培养他们与人为善、助人为乐宽大的胸怀？值得人们进一步深思！

文学作品欣赏

蝙　蝠

——舒婷

上苍还没有来得及吞没最后一抹晚霞，蝙蝠就飞出了矮矮的屋檐。它们在薄明的半空中无声地飞掠着，不停地打圈子，是不是在大地上丢失了什么？

设若是惋惜光明即将失去，在最后的夕阳中摄取可贵的余晖，那么这光明的虔诚追求者，何以在太阳下消踪潜迹呢？

设若为黑暗即将统治大地，在夜幕低垂之前狂欢，那么何以这个黑暗的痴情崇拜者，在万籁俱寂的深夜里不知去向？

这神秘的幽灵，这扰人的尤物，在冥冥中飞行，永远以超音频的震颤带来历史幽深处的密码和哪个世界的神谕。

我每每于黄昏里，谛听这群黑色的歌声。

在屋檐与屋檐之间，在树梢与树梢之间，在天线与天线乱麻样的线铺上，滑转成一弧婉转的凄厉；纷纷扬扬，十朵百朵跳动的火焰，集结成一阵阵恐怖的嘹亮；奔突、升腾、俯仰、冲刺，在最高潮处，留下一串长长的磷光闪烁的幽怨。

心灵的蜂房便开始感应出嘤嘤之音。

一组黑管、一排小号、一列长笛，相互交织着、穿梭着、和鸣着，从盲目骚动的气流中梳理出淡淡的温馨，急切飞转的旋涡，在三角帆的羽翼下，熨出了极为平和的微笑。

蜂房畅然洞开，血液中有股漠然的大潮。但这黑色的旋律很快便戛然而止——不知被哪一只神奇的手轻轻抹掉。

鱼骨翅的天线网一片空旷。

对面花园那一排小叶按，千万片银亮的叶子竟于这无声的静寂里轻轻啜泣起来。我分明听见一种低抑的虫鸣，连同墙角那边一丛丛挺拔的夹竹桃簌簌落下几枚嫩蕾。

没有风，没有声，依然一片死寂。

我努力相信这群黑色的幽灵，是从伯格尼的G弦上钻出来，从德西的BF小调逃出来，穿过穹远的时空，偶尔到这里聚会。

我想挽留它，它却倏然而逝。

我想占有它，它竟不辞而别。

你只能于冥想中，体验那一刹那的感动。

人的灵魂能够与大自然的使者聚合，并不多见。我庆幸有那么几次。

舒婷简介：

舒婷，中国女诗人，出生于福建龙海市石码镇，1969年下乡插队，1972年返城当工人，1979年开始发表诗歌作品，1980年至福建省文联工作，从事专业写作。主要著作有诗集《双桅船》《会唱歌的鸢尾花》《始祖鸟》，散文集《心烟》等。舒婷崛起于20世纪70年代末的中国诗坛，她和同代人北岛、顾城、梁小斌等以迥异于前人的诗风，在中国诗坛上掀起了一股“朦胧诗”大潮。舒婷是朦胧诗派的代表人物，《致橡树》是朦胧诗潮的代表作之一。

◇《狼蝙蝠》

《狼蝙蝠》是一部精采、奇特的长篇童话。

考古生物学家申教授，受到一个怪梦的启发，带着考察队来到了南极，发现了一个巨大的动物——狼蝙蝠。狼蝙蝠长着恐龙般巨大的身体，但模样却像狼，背上还有一副巨大而有力的翅膀。

申教授认为狼蝙蝠只是一种类似恐龙的动物，为了对它进行进一步研究，便用他自己发明的一种特殊针剂将它复活了。

但是，复活的狼蝙蝠的行为，有许多奇怪的表现，它与低等的爬行动物有着非常明显的差别，似乎有着某种奇特的超能力。

申教授开始陷入一种深深的苦恼之中，他给狼蝙蝠注射的针剂里，有可以致它于死命的东西。

在研究过程中，小女孩丽丽最早发现了狼蝙蝠的超能力，并以她的善良和真诚取得了狼蝙蝠的信任。

而恰在此时，狼蝙蝠将丽丽吞进了肚子里。当人们对狼蝙蝠充满了恐惧时，它却又吐出了丽丽。毫发无伤的丽丽，居然在狼蝙蝠的肚

子里学会了它的语言。

由于狼蝙蝠吞吃过丽丽，人们对它的误解更加深了。为了安全起见，军队出动，准备置狼蝙蝠于死地。

这时候，丽丽已经从狼蝙蝠的口中知道：狼蝙蝠原来是中生代地球上的第一批智慧动物，他们具有很高的智慧和很强的内能，在恐龙灭绝前夕，它们全部迁徙到了南极，进入了另一种生存状态——休眠。在深深的冰层下，它们等待着智慧生物能将它们唤醒……

当无数武器对准了狼蝙蝠时，申教授挺身而出，道出了他对狼蝙蝠犯下的一个错误：狼蝙蝠将要因那支复活的针剂而付出生命。

到这时，人们才真正地了解了狼蝙蝠。但此时的狼蝙蝠快要死了，它的身体已经开始僵硬。

接着，狼蝙蝠的身体出现了惊人的变化——它变成了化石。

但变成化石的狼蝙蝠，表情却很安详和满足。因为，作为地球上最早的智慧生物终于和后来出现的智慧生物——人类有了沟通。

在冰层下，还有无数的狼蝙蝠，它们会有什么样的命运呢？

这部童话场面壮阔，气势恢宏，挥洒之处，尽现物种漫长历史的苍桑感，激发读者对生命的深沉思索；作品主题深邃宏大，是一般童话之罕见，读来令人震撼；作品的结构也极为精到，双线并进，相互映衬、渲染，具有极强的艺术感染力。

蝙蝠故事寓言汇

人们对蝙蝠的看法真的是千奇百怪，东西方都一样，是“坏”与“好”形象的统一体，不仅在电视电影中，而且在故事和寓言中也到处充斥着蝙蝠的形象。

◇《狡猾的蝙蝠》

凤凰是百鸟之王。

有一次，凤凰过生日，百鸟来祝贺，唯独蝙蝠没有露面。凤凰便把它召来训斥道：“你在我的管辖之下，竟敢这样傲慢！”蝙蝠蹬着双脚说：“我长着兽脚，是走兽国的公民。你们飞禽国管得着我吗？”

过了几天，麒麟做寿。麒麟是百兽之王，百兽都来拜寿，蝙蝠仍旧没有露面。麒麟把它召来训斥道：“你在我的管辖之下，竟敢如此放肆！”蝙蝠拍拍翅膀说：“我长着双翅，是飞禽国的公民。你们走兽国管得太宽了吧！”有一天，凤凰和麒麟相会了，说到蝙蝠的事，才知道它在两边扯谎。凤凰和麒麟摇头叹息，不胜感慨：“现在的风气也太坏了。偏偏生出这样一些不禽不兽的家伙，真是拿它们没有办法！”

人们现在还常常把两面派的人物作为蝙蝠。这些人见风使舵，左右逢源，不断改变自己的原则和立场，来投机钻营、谋取私利。但是，他们只能得逞于一时，总有一天会暴露出两面派的丑恶嘴脸，受到人们的唾弃。

◇《蝙蝠与金丝雀》

挂在窗口笼里的金丝雀，在夜里歌唱。

蝙蝠听到后，飞过来问她：“金丝雀，为什么你白天默默无声，在夜间却放声歌唱？”金丝雀回答说：“我这样是有道理的，因为我是在白天唱歌时被捉住的，因此，我要更加谨慎啊！”

蝙蝠说：“你现在才懂得谨慎已没用了，你若在被捉住之前就懂得，那该多好呀！”

这个故事说明，不幸的事发生之后，后悔是徒然的。同时也可以看出蝙蝠的聪明。

◇《蝙蝠和鸟、兽》

一次，森林里鸟与野兽宣战，双方各有胜负。

然而，蝙蝠总是随着战局的胜负变化依附胜的一方。当鸟和兽宣告停战和平时，交战双方明白了蝙蝠的欺骗行为。因此，双方都裁定他为奸诈罪，并把他赶出日光之外。

从此以后，蝙蝠总是躲藏在黑暗的地方，只是在晚上才独自飞出来。

这故事是说那些两面三刀的人，最终不会有好下场。有的时候，人们就视蝙蝠为两面三刀的代名词。

◇《蝙蝠、荆棘与水鸟》

蝙蝠、荆棘、水鸟商定，合伙经商为生。

于是蝙蝠借来钱作为资金，荆棘带来了他自己的衣服，水鸟带着赤铜。然后，他们装好货，扬帆远航。在海上不巧碰到了强大的风暴，船翻了，所有的货物全沉没了。

幸运的是，他们被海浪冲到岸上，未被淹死。从此以后，水鸟总是站到水中，想把丢失的赤铜找回来；蝙蝠怕了见债主，白天不敢出来，只有夜间才出来觅食；荆棘则到处寻找衣服，总把过路人的衣服抓住，看是不是自己的。

这个故事说明，许多人在一件事上失败过后，以后再做这件事时就格外地仔细认真。

◇《蝙蝠称王》

太初时期，众鸟儿们要选个鸟王。那时，大家商定：哪个最早看见太阳升起，它就可以做鸟王。蝙蝠与鸽子两个都能同时早早地看见日升，可蝙蝠为了自己能当上鸟王，便欺骗鸽子让它吃干炒面，故意耽延时间。结果，蝙蝠虽提前见

到了日升，但鸟儿们并不承认它为鸟王。

另一次，大家商定：谁飞得最高，就算谁为鸟王。蝙蝠事先钻进飞得最高的大鹏的翅膀羽毛缝隙中，与百鸟比赛。鸟儿们飞呀飞呀，都很疲劳了，别的鸟儿要返回地面去，只有大鹏鸟满以为自己是当然的鸟王了，自豪地高喊："我已飞到最高空了！"接着，又展翅向高空飞去。这时，蝙蝠便从大鹏鸟的羽毛丛中钻出，又飞到大鹏鸟的上面，高喊："我已飞到最高空了！"边喊边向更高处飞去。总算飞得最高，但是，所有鸟儿们，仍不承认它是鸟王。众鸟说："像这种没有羽毛只有触角，颜色又很难看的东西，连鸟儿都算不上，又怎能当我们的鸟王呢？"这样一来，蝙蝠不仅没有当上鸟王，还被排除在普通的鸟儿行列之外。

蝙蝠虽有智慧，但无羽毛，就被众鸟们欺侮了一通。

◇ 《蝙蝠改变自己》

从前，蝙蝠属于鼠类，只会走、不会飞，常常夜间出没。但是蝙蝠很不甘心。第一，不甘心自己不会飞；第二，不甘心自己不能在白天堂而皇之地行走在大庭广众之下。于是，蝙蝠就憋足一口气要改变现实。

敢于改革永远都是一件值得称道的事情。虽然没有给予太大希望，但是大家还是把足够的注意力放在蝙蝠身上。只见蝙蝠开始练轻功，要让自己飞起来。功夫不负有心人，经过一代一代的努力，一代一代的变异，蝙蝠终于在前腿根长出了类似于翅膀的可以伸缩的肌肉，并且可以承载蝙蝠的身体作短距离飞行。这下蝙蝠高兴了，它终于可以飞行了。

紧接着，蝙蝠要改变夜间出没为白昼出行。蝙蝠的目光只在无光情况下有视力，为了成功，蝙蝠就在天亮前利用自己的翅膀飞到附近的小树上，接受阳光的照射，目的是想改变视力环境。但是没想到，结果是把原有的夜间视力也破坏了，变成白天黑夜都看不到的一个动物。这一点其他动物们都不知道。

这天，狮子组织大家一起聚会，讨论如何促进飞禽和走兽之间的关系，大家和睦相处。蝙蝠也跟

着大家来聚会。由于它占有得天独厚的条件，会飞的没它跑得快，跑得快的没它会飞。于是大家就选它做友谊使者。这下蝙蝠神气了，一会儿飞到对面的兽类群说“你们看我多能耐，飞得多好，飞得多棒！”转眼又跑回对面禽类说“你们看我跑得多快，跑得多棒！”如此反复，大家开始讨厌他了。

于是就有意见提出“蝙蝠到底算什么，兽类还是禽类？它代表的是那个群体？”结果兽类和禽类都拒绝收留它。

无奈之下，蝙蝠只好自立门户，倒挂在洞穴的墙壁上，既怕兽类咬它，又怕禽类啄它。

多少年过去，蝙蝠养成一个疑心重的毛病。只要有动静就以为是在说自己、议论自己。所以即使晚上扔给它一只鞋，它也会嗖地飞过去探个究竟，看是不是又有关于它的消息。实际上，兽类和禽类都已经把它忘记，大家都不曾记得还有一个不伦不类的蝙蝠。只是蝙蝠自作多情，每每倒挂在墙上，嘴里还念念有词“看我跑得多快！看我飞得多好！”……

◇《蝙蝠帮助捕蚊子》

七、八月份，正是蚊子最猖獗的时候，小山羊被蚊子叮得一夜没睡好觉。

有一次，小山羊被蚊子叮得实在受不了，第二天一大早，他就到蝙蝠伯伯家去了，想请这位捕蚊能手，帮他消灭家里的蚊子。

蝙蝠伯伯住在一个山洞里。小山羊走进山洞一看，洞里空空的，蝙蝠伯伯哪去了？小山羊叫道："蝙蝠伯伯，蝙蝠伯伯！"

"谁在叫啊，吵得我连觉都睡不着了。"一个声音从头顶上传来。小山羊抬头一看，差点笑出声来。只见蝙蝠伯伯正倒挂在山洞顶上和他说话呢。

"蝙蝠伯伯，您是在锻炼身体吗？"小山羊问。

"哪里，我刚下夜班，正想睡一觉呢。"蝙蝠伯伯打着哈欠说。

"啊！您倒挂在屋顶上睡觉哇！"小山羊惊讶地问。

"这有什么稀奇的，"蝙蝠伯伯平静地说："我们蝙蝠世世代代就是这样生活的，因为这样睡觉我们飞起来捉害虫更方便。"

正说着，蝙蝠伯伯突然两爪一松，从洞顶上掉下来，趁势飞起来，把正在洞口飞着的两只蚊子一口一个，吞下肚去了。

"啊，蝙蝠伯伯真棒！"小山羊高兴地叫起来。

蝙蝠伯伯又飞回来，照样倒挂在山洞顶上。小山羊说：“您落到地上休息，不是更轻松省力吗？”

“那可不行，”蝙蝠伯伯说：“我不会跑，也不会跳，只能在地上慢慢地爬，那样要是发现蚊子、苍蝇，我就不能灵活敏捷地飞起来捉它们了。”

“蝙蝠伯伯，”小山羊说：“我看小燕子和小麻雀她们都是卧在窝里或者树枝上睡觉的啊，可是她们飞起来特别快呢。”

“因为她们会跳啊，特别是小麻雀，总是跳来跳去的，她们借助跳起来的力量，就很容易飞起来了啊。”蝙蝠伯伯很耐心地告诉他。

小山羊不好意思的说：“蝙蝠伯伯，我想麻烦您现在到我家去，帮助我消灭家里的蚊子，昨天晚上，那些蚊子咬得我一宿没睡好觉。”

蝙蝠伯伯听了小山羊的话说：“好吧，但是我白天不能去的，得等今天晚上。”

“为什么？”小山羊问。“白天看得多清楚啊。”

“哈哈，小山羊，你不知道我们蝙蝠都是特别严重的近视眼吗？我们几乎是什么都看不见的啊！”

“怎么可能，刚才您捉蚊子多准确啊。”

“哦，是这样的，我们蝙蝠不是用眼睛看，而是靠我们自己发射的超声波来识别物体的，就象人类使用的雷达，我们发出的超声波遇到物体反射回来，我们就知道前面

有什么东西了。再说，蚊子也主要是晚上出来活动的。所以，我晚上去正合适哦。”

说完，蝙蝠伯伯就闭上眼睛，睡着了。

小山羊看着蝙蝠伯伯那倒挂在屋顶睡觉的样子，悄悄地笑着走了。

晚上，蝙蝠伯伯到小山羊的家里，把那些蚊子都消灭了。

◇ 《骄傲的蝙蝠》

秋天来了，一只蝙蝠在空中飞来飞去，他觉得很冷，不由得哭了起来。鸟中之王——鹰问道：“蝙蝠，你为什么哭啊？”

“因为我很冷。”蝙蝠说。

“为什么别的鸟不冷呢？”鹰继续问。

“因为他们都有美丽的羽毛。可是我连一根羽毛也没有。”

老鹰考虑了一下，然后让所有的鸟各给蝙蝠一根羽毛。

蝙蝠有了各种鸟儿的羽毛后，非常漂亮，每根羽毛的颜色都不一样。蝙蝠把翅膀一张，五彩缤纷的羽毛显得漂亮极了，叫人很是羡慕。蝙蝠因为有了这些漂亮的羽毛而骄傲起来，不理睬别的鸟儿。他老是欣赏自己的羽毛，自我陶醉着：瞧我有

多漂亮的羽毛啊！

鸟儿都飞到他们的国王老鹰那里去，向他告状，说蝙蝠因为有了别人的羽毛而自夸，跟别的鸟儿连话都不愿意说。老鹰把蝙蝠叫了来。“蝙蝠，所有的鸟儿都在告你的状哩！”老鹰对他说，“听说你拿它们的羽毛来炫耀，骄傲得连话都不愿意同他们说了，是真的吗？”

蝙蝠说：“他们是嫉妒我，因为我比他们所有的鸟儿都漂亮。你瞧一瞧！”蝙蝠张开两扇翅膀，的确是非常漂亮。

“那么好吧！”老鹰对蝙蝠说“现在就让那些给你羽毛的鸟儿把羽毛收回去吧，既然你这么漂亮，就用不着别人的羽毛了。”所有的鸟儿都扑向蝙蝠，把自己的那根羽毛取了回去。蝙蝠还跟原来一样光秃秃的，他感到非常羞耻。从那个时候开始，他总是夜间飞出来觅食，免得让其他的鸟儿看见它。

◇ 《蝙蝠传情》

相传800年前，海头的人们，因为被瘴气所毒，病死了很多人，没有其他办法医治，于是人们就寄希望于用巫术来解瘴气的毒。

有一个男巫师，他借着巫术对很多妇女、少女“洗脑”，称如不再与他保持不正当的关系，就会大祸临头。

加乐村有一位少女和月，她双眸如珠，脸如圆盘，是当地最美的女人！男巫师看在眼里，涎在心头，于是就向如月的父母求婚。然

而，和月却爱上了自小一起放牛的阿富。

没有想到的是，和月父母同意让和月和巫师成婚。和月不同意并且抗争，她父母就将她缚在树下，不得外出，并悄悄与巫师约好，定下婚日，开宴待客，准备当天夜里将和月送到巫师家与他圆房。

和月泪流满脸，她的母亲心有恻隐，就问和月为何流泪，是不是想答应婚事了。和月点了点头，告诉母亲，自己要好好打扮一下。

母亲便给和月解了缚绳，和月偷偷地逃跑了。

和月来到了密林中的蝙蝠洞，悄悄在那里生活。

和月食野果，学蝙蝠语，后来，蝙蝠理解了和月的痛苦，就帮助和月传递信息——将和月戴在头上的发夹传到阿富手上，阿富认出来了，就随着送信的蝙蝠，一路跟着，来到蝙蝠洞，两人最后终于在一起了，过上了幸福快乐的生活。

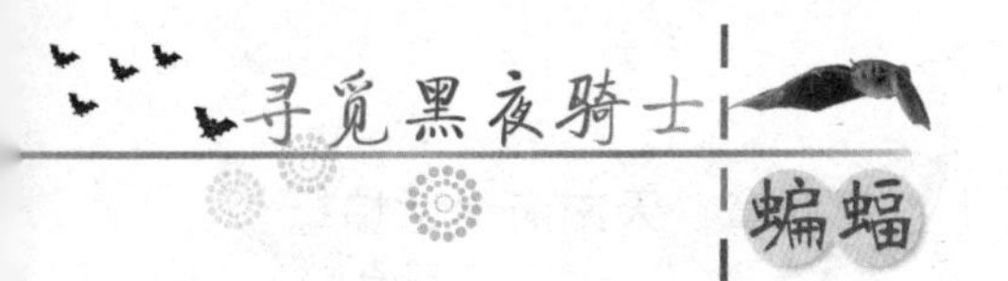

黑蝙蝠中队

台湾地区空军34中队进行夜间侦察任务情形与昼伏夜出的蝙蝠相同，因此以“蝙蝠中队”命名，而所属侦察机均漆成黑色，而又称作“黑蝙蝠”。队徽是一只展翅的黑蝙蝠，在北斗七星上飞翔于深蓝的夜空中，翅膀穿透外围的红圈，象征潜入赤色铁幕。

◇ 历 史

1953年韩战结束，东西方两大阵营进入冷战时期，美国渴望搜集中华人民共和国的电子情报，同时国民党撤退到台湾急需美援。为了维系美台关系，蒋介石总统指派其子蒋经国和美国中央情报局的杜根签约，双方以“西方公司”为掩护，由美方提供飞机及必要器材。台湾空军于西元1958年成立34中队和35中队（黑猫中队），直接受命于国安会秘书长蒋经国，专门替美国搜集情报，同时空投心战传单、救济物资，偶尔也空降情报员。

低空侦察的34中队和高空侦察的35中队，一样闻名遐迹，但损失惨重有过之而无不及。至1974年12月34中队裁撤停止侦察任务为止，共执行特种任务达838架次，先后有15架飞机被击落或意外坠毁，殉职人员达148名，占全队三分之二。详细情形，台湾空军列为最高机密，并刻意隐瞒死讯，持续发放月俸，部份殉职官兵的家属直到1992年才知道真相而申请死亡抚恤并成立衣冠冢。

P-2V型侦察机第一桩空军人员由失事地区集体迁葬台湾的先例是在西元1992年12月14日，台湾军方在中正国际机场以隆重的军礼迎灵，并举行简单的覆盖国旗仪式。家属皆认为，14位机员同生死共患难，33年来同葬一穴，归葬后自应合葬一处，因此将他们一起葬在台北近郊碧潭空军公墓一个480厘米长的大墓穴。

◇ 任务执行方式

黑蝙蝠中队任务执行由美国中央情报局设定经过重要军事基地的侦测航程。接着黑蝙蝠中队于约下午4时出勤，黄昏之后进入中华人民共和国空域，以较为先进的电子设备和高超技术，利用夜幕掩护，按照“最低安全高度”准则，沿着100至200米低空飞行，有时为了躲避雷达，甚至在约30米超低空飞行于茫茫夜空中。对于雷达，侦察机上的电子设备可以测录电波资料，之后将高低空侦察结果比对分析，

可知何处设有雷达、导弹和高射炮，第二次再去时即可电子反制干扰，使雷达看不见来机，战机因而失效形同瞎子。

编制飞机，主要为B-17型轰炸机及P-2V型侦察机。曾使用的还有B-26轰炸机、RB-69A轻型轰炸机、C-123运输机，特殊任务中亦曾使用C-130型运输机。

◇ 队伍性质

34中队昼伏夜出的习性正与蝙蝠相同，于是该队就以“蝙蝠中队”命名，而执行此项任务的B-17、P2V型侦察机为安全计，都漆成黑色，故亦称黑蝙蝠，该队的标志即为一只展翅的蝙蝠，在北斗七星之间飞翔；蝙蝠翅膀穿透外围的红圈，则象征这个部队潜入赤色铁幕。

34中队出勤都在下午4时左右，黄昏以后进入大陆空域，每趟侦察任务时间有长有短，超过8小时者，则有3组替换人手。他们凭借先进的电子设备和高超技艺，利用夜幕掩护，按照“最低安全高度”准则，沿着100米至200米低空飞行，有时为了躲避雷达，甚至在30米左右超低空飞行于茫茫夜空中。

由于是低空飞行，34中队的任务惊险万状，一被发现就是死路一条。

在密集炮火中窜逃，对“蝙蝠中队”队员而言，可说是家常便饭。有一架B-17直到返航，才发现机舱被地面炮火震破一个大洞。因此，34中队每次出航总像跟死神挑战一般，没人能保证一定可以安全返航。

◇ 队徽设计

1959年初，根据部队长的授意，由34中队首任电子官教官李崇善少校和领航教官王梁少校招集两名中尉领航官，即刘敬贤中尉和孙大陆中尉设计了该队徽。平时就喜欢画画的刘敬贤中尉当时才二十几岁并刚从学校毕业，但他很有创意，对队徽的设计做出了贡献。

整体图案构图为“圆型、黑蝙蝠、北斗七星”，黑蝙蝠夜间以声波来飞行，和雷达工作原理相似；蝙蝠的翅膀突破夜幕，代表任务艰难，士气如虹的英勇精神；北斗七星代表方向和航行，三颗大星星和四颗小星星代表了34中队。如今知道队徽是怎么来的人都已经过逝了，以上内容是由仍然健在的李崇善少校口述得知。

◇ 刺探大陆军情内幕

四十多年前，台湾的国民政府为了维系美台关系与获得美援，派出空军黑编幅中队替美国中央情报局（CIA）侦察中国大陆军情，整个过程有逾140名空军军官丧生。他们为保住机密，即使飞机被击中也不跳伞逃生，选择如蝙蝠般消失在历史的黑暗中，如今新闻探射灯正试图将真相寻回。

1953年韩战结束，东西方进入冷战时期，美国渴望搜集中共的电子情报，国民政府刚撤退到台湾，亟需美援，为了维系美台关系，当时蒋介石总统指派其子蒋经国和CIA签约，双方以“西方公司”为掩护，由美方提供飞机及必要器材，成立34中队（黑蝙蝠中队）和35中队（黑猫中队），直接受命于蒋介石夫人蒋宋美龄，专门替美国搜集情报，“顺便”空投心战传单、救济物资，偶尔也空降情报员。执行任务期间，“黑蝙蝠”一只只悲壮地在大陆夜空折翼断尾，超过140名空军人员丧命。

台湾派最优秀的空军替美国人作战，使美国对大陆的军事部署了如指掌，美方则以美援相报。衣复思表示，台湾没有反攻大陆的能力，34中队搜集的情报对台湾没有任何意义，但对美方帮助很大，黑蝙蝠完成任务返航时，美国专用飞机已在新竹基地守候，等飞机落地，美方人员立即登机，拆卸飞机上的电子监听设备，把搜集的情资带回美国研析，并直接送交美国白宫。

国民党政府撤退到台，孤立无援，尤其美国总统杜鲁门发表白皮书，指国民党已无可救药，根本不愿跟台湾打交道，但借着替美国卖命的黑蝙蝠和黑猫中队，“使台湾可拉着美国”，衣复思语重心长

地说，“没有他们冒险搜集这些情报，美国不会这么喜欢我们”。

CIA化身的“西方公司”，位于新竹市东大路与北大路口神成桥畔的灰白色洋房，里面住着很多外国人，极为神秘。历史评论家郭冠英的家就在附近，他说，小时候不知道那里是做什么的，只是常看到黝黑色的雪佛莱轿车进出，就像电影中的那种车一样。

“黑蝙蝠”进出大陆低空乱窜，甚至还有一架B-17连续飞越大陆九省，共军紧急向苏联输入一批米格-17全天候战机和雷达设备，并成功发展夜间拦截的战术，台湾优势渐失仍不自短，“黑蝙蝠”还以为可来去自如，遂一步步踏入险境。

◇ 两岸影响

（1）台湾地区

国民党撤退到台湾，孤立无援，而先前美国国务院发表白皮书，指国民党无可救药，不愿与其打交道。但韩战后，台湾派出最优秀的空军官兵替美国人执行侦察任务，使美国掌握许多中华人民共和国的军事情报，美国则以美援及邦交相报，促成台湾的稳定与繁荣。

（2）中华人民共和国

“黑蝙蝠”进出中华人民共和国，甚至有一架P-2V连续飞越9省，降落韩国，中国人民解放军想打却打不着，并因此损失6架飞机，于是紧急向苏联输入一批米格-17全天候战机和雷达设备，并发展出夜间拦截的战术。

◇ 记者评论

著有《CIA在台活动秘辛》的《联合报》资深记者翁台生表示，“蝙蝠中队”的任务本就是“明知山有虎，偏向虎山行”，CIA设定的侦测航程“投石问路”的迹象甚明，所经之处皆是中共重要军事基地，空防系统严密自不待言。

前台湾空军情报署署长衣复恩指出，大陆有一百多处雷达设施，台湾侦察机一飞进其领空，他们的雷达就会开启，侦察机上的电子设备便可测录电波等资料，回来后将高低空侦察结果比对研判分析，便可知对方何处设有雷达、飞弹和高炮，下次再进去时，即可作电子反制干扰，使大陆雷达看不见来机，战管因而失效形同瞎子。